调色师 手册

视频和电影调色
从入门到精通（剪映版）

调色师技能树

- 一级调色
- 二级调色
- 滤镜调色
- 曲线与色轮调色
- 蒙版与关键帧调色
- 色卡与混合模式调色
- DIY 预设调色
- LUT 预设调色
- 风光调色
- 人像调色
- 网红调色
- 电影调色

U0187619

木白 编著

北京大学出版社
PEKING UNIVERSITY PRESS

内 容 提 要

视频的色彩会给观看者以特定的情绪或视觉感受，调色师需要与相关制作人员密切合作，以确定最适合表达故事氛围的颜色。随着互联网短视频、微电影、短剧的发展，几乎所有的电影、电视剧、综艺节目、广告、宣传片，包括现在热门的带货短视频、直播之类的视频都少不了调色。一个好的视频，调色不仅可以给视频画面赋予一定的艺术美感，同样也可以为视频注入特定的情感表达。

本书讲解了剪映电脑版的调色方法，也同步讲解了剪映手机版的调色要点，具体内容包括：调色师必学的调色理论、曲线调色、色轮调色、蒙版调色、关键帧调色、色卡与混合模式调色、DIY 预设调色、LUT 预设调色，以及热门的风光调色、人像调色、网红色调和电影风格调色等。精心打造的内容让读者买一本书精通剪映的两个版本，轻松玩转剪映电脑版＋手机版，随时、随地调出想要的颜色效果，助力读者快速从新手成为剪映调色高手。

本书案例丰富、实用，适合对视频、短剧和电影拍摄、制作、剪辑、调色感兴趣的读者，特别是希望提高短视频、中视频调色技能的读者，还可以作为学校或培训机构的新媒体、数字媒体专业的教材参考书。

图书在版编目（CIP）数据

调色师手册：视频和电影调色从入门到精通：剪映版 / 木白编著. — 北京：北京大学出版社，2022.11

ISBN 978-7-301-33505-5

Ⅰ．①调… Ⅱ．①木… Ⅲ．①调色—图像处理软件 Ⅳ．① TP391.413

中国版本图书馆 CIP 数据核字 (2022) 第 193516 号

书　　　　名	调色师手册：视频和电影调色从入门到精通（剪映版）	
	TIAOSESHI SHOUCE: SHIPIN HE DIANYING TIAOSE CONG RUMEN DAO JINGTONG (JIANYING BAN)	
著作责任者	木　白　编著	
责 任 编 辑	王继伟　吴秀川	
标 准 书 号	ISBN 978-7-301-33505-5	
出 版 发 行	北京大学出版社	
地　　　址	北京市海淀区成府路 205 号　100871	
网　　　址	http://www. pup. cn　　新浪微博：@ 北京大学出版社	
电 子 邮 箱	编辑部 pup7@pup.cn　总编室 zpup@pup.cn	
电　　　话	邮购部 010-62752015　发行部 010-62750672　编辑部 010-62570390	
印 刷 者	北京宏伟双华印刷有限公司	
经 销 者	新华书店	
	787 毫米 ×1092 毫米　16 开本　14 印张　381 千字	
	2022 年 11 月第 1 版　2023 年 11 月第 2 次印刷	
印　　　数	4001-6000 册	
定　　　价	89.00 元	

前　言

关于本系列图书

感谢您翻开本系列图书。

面对众多的短视频制作与设计教程图书，或许您正在为寻找一本技术全面、参考案例丰富的图书而苦恼，或许您正在为不知该如何进入短视频行业学习而踌躇，或许您正在为不知自己能否做出书中的案例效果而担心，或许您正在为买一本靠谱的入门教材而仔细挑选，或许您正在为自己进步太慢而焦虑……

目前，短视频行业的红利和就业机会汹涌而来，我们急您所急，为您奉献一套优秀的短视频学习用书——"新媒体技能树"系列，它采用完全适合自学的"教程＋案例"和"完全案例"两种形式编写，兼具技术手册和应用技巧参考手册的特点，随书附赠的超值资料包不仅包含视频教学、案例素材文件、教学 PPT 课件，还包含针对新手特别整理的电子书《剪映短视频剪辑初学 100 问》、103 集视频课《从零开始学短视频剪辑》，以及对提高工作效率有帮助的电子书《剪映技巧速查手册：常用技巧 70 个》。此外，每本书都设置了"短视频职业技能思维导图"，以及针对教学的"课时分配"和"课后实训"等内容。希望本系列书能够帮助您解决学习中的难题，提高技术水平，快速成为短视频高手。

● 自学教程。本系列图书中设计了大量案例，由浅入深、从易到难，可以让您在实战中循序渐进地学习到软件知识和操作技巧，同时掌握相应的行业应用知识。

● 技术手册。书中的每一章都是一个小专题，不仅可以帮您充分掌握该专题中提及的知识和技巧，而且举一反三，带您掌握实现同样效果的更多方法。

● 应用技巧参考手册。书中将许多案例化整为零，让您在不知不觉中学习到专业案例的制作方法和流程。书中还设计了许多技巧提示，恰到好处地对您进行点拨，到了一定程度后，您可以自己动手，自由发挥，制作出相应的专业案例效果。

● 视频讲解。每本书都配有视频教学二维码，您可以直接扫码观看、学习对应本书案例的视频，也可以观看相关案例的最终表现效果，就像有一位专业的老师在您身边一样。您不仅可以使用本系列图书研究每一个操作细节，还可以通过在线视频教学了解更多操作技巧。

剪映应用前景

剪映，是抖音官方的后期剪辑软件，也是国内应用最多的短视频剪辑软件之一，由于其支持零基础轻松入门剪辑，配备海量的免费版权音乐，不仅可以快速输出作品，还能将作品无缝衔接到抖音发布，具备良好的使用体验，截至 2022 年 7 月，剪映在华为手机应用商店的下载量达 42 亿次，在苹果手机应用商店的下载量达 5 亿次，加上在小米、OPPO、vivo 等其他品牌手机应用商店的下载量，共收获超过 50 亿次的下载量！

在广大摄影爱好者和短视频拍摄、制作人员眼中，剪映已基本完成了对"最好用的剪辑软件"这一印象的塑造，俨然成为市场上手机视频剪辑的"第一霸主"软件，将其他视频剪辑软件远远甩在身后。在日活用户大于 6 亿的平台上，剪映的商业应用价值非常高。精美的、有创意的视频，更能吸引用户的目光，得到更多的关注，进而获得商业变现的机会。

剪映软件也有电脑版

可能有许多新人摄友不知道，剪映不仅有手机版软件，还发布了电脑端的苹果版和 Windows 版软件。因为功能的强大与操作的简易，剪映正在"蚕食"Premiere 等电脑端视频剪辑软件的市场，或许在不久的将来，也将拥有众多的电脑端用户，成为电脑端的视频剪辑软件领先者。

剪映电脑版的核心优势是功能的强大、集成，特别是操作时比 Premiere 软件更为方便、快捷。目前，剪映拥有海量短、中视频用户，其中，很多用户同时是电脑端的长视频剪辑爱好者，因此，剪映自带用户流量，有将短、中、长视频剪辑用户一网打尽的基础。

随着剪映的不断发展，视频剪辑用户在慢慢转移，之前 Premiere、会声会影、AE 的视频剪辑用户，可能会慢慢"转粉"剪映；还有初学者，剪映本身的移动端用户，特别是既追求专业效果又要求产出效率的学生用户、Vlog 博主等，也会逐渐"转粉"剪映。

对比优势

剪映电脑版，与 Premiere 和 AE 相比，有什么优势呢？根据本书笔者多年的使用经验，剪映电脑版有 3 个特色。

一是配置要求低：Premiere 和 AE 对电脑的配置要求较高，处理一个大于 1GB 的文件，渲染几个小时算是短的，有些几十 GB 的文件，一般要渲染一个通宵才能完成，而使用剪映，可能十几分钟就可以完成制作并导出。

二是上手快：Premiere 和 AE 界面中的菜单、命令、功能太多，而剪映是扁平式界面，核心功能一目了然。学 Premiere 和 AE 的感觉，相对比较困难，而学剪映更容易、更轻松。

三是功能强：过去用 Premiere 和 AE 需要花上几个小时才能做出来的影视特效、商业广告，现在用剪映几分钟就能做出来；在剪辑方面，无论是方便性、快捷性，还是功效性，剪映都优于两个老牌软件。

简单总结：剪映电脑版，比 Premiere 操作更易上手！比 Final Cut 剪辑更为轻松！比达芬奇调色更为简单！剪映的用户数量，比以上 3 个软件的用户数量之和还要多！

从易用角度来说，剪映很可能会取代Premiere和AE，在调色、影视、商业广告等方面的应用越来越普及。

系列图书品种

剪映强大、易用，在短视频及相关行业深受越来越多的人喜欢，逐渐开始从普通使用转为专业使用，使用其海量的优质资源，用户可以创作出更有创意、视觉效果更优秀的作品。为此，笔者特意策划了本系列图书，希望能帮助大家深入了解、学习、掌握剪映在行业应用中的专业技能。本系列图书包含以下 7 本：

❶《运镜师手册：短视频拍摄与脚本设计从入门到精通》

❷《剪辑师手册：视频剪辑与创作从入门到精通（剪映版）》

❸《调色师手册：视频和电影调色从入门到精通（剪映版）》

❹《音效师手册：后期配音与卡点配乐从入门到精通（剪映版）》

❺《字幕师手册：短视频与影视字幕特效制作从入门到精通（剪映版）》

❻《特效师手册：影视剪辑与特效制作从入门到精通（剪映版）》

❼《广告师手册：影视栏目与商业广告制作从入门到精通（剪映版）》

本系列图书特色鲜明。

一是细分专业：对短视频最热门的 7 个维度——运镜（拍摄）、剪辑、调色、音效、字幕、特效、广告进行深度研究，一本只专注于一个维度，垂直深讲！

二是实操实战：每本书设计 50~80 个案例，均精选自抖音上点赞率、好评率最高的案例，分析制作方法，讲解制作过程。

三是视频教学：笔者对应书中的案例录制了高清语音教学视频，读者可以扫码看视频。同时，每本书都赠送所有案例的素材文件和效果文件。

四是双版讲解：不仅讲解了剪映电脑版的操作方法，同时讲解了剪映手机版的操作方法，让读者阅读一套书，同时掌握剪映两个版本的操作方法，融会贯通，学得更好。

短视频职业技能思维导图：调色师

本书内容丰富、结构清晰，针对已经入职人员的职业技能思维导图如下。

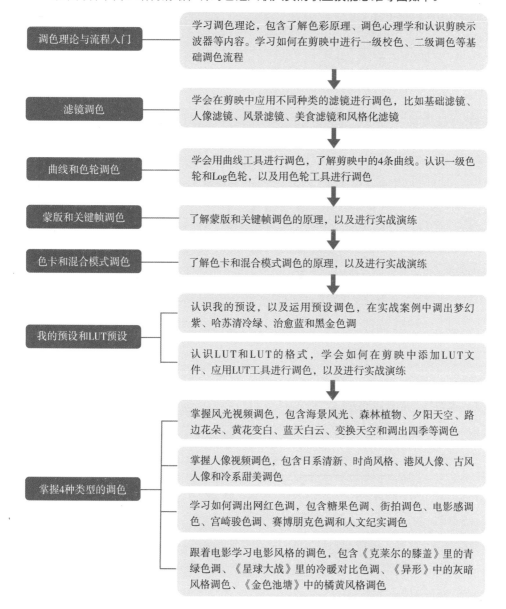

本书内容与课程安排建议

本书是系列图书中的一本，为《调色师手册：视频和电影调色从入门到精通（剪映版）》，以剪映电脑版为主，手机版为辅，课时分配具体如下（教师可以根据自己的教学计划对课时进行适当调整）。

章节内容	课时分配	
	教师讲授	学生上机实训
第1章 入门：调色师必学的理论与流程	30 分钟	30 分钟
第2章 进阶：轻松玩转滤镜调色	20 分钟	20 分钟
第3章 新增：曲线和色轮调色	30 分钟	30 分钟
第4章 高级：巧用蒙版、关键帧调色	40 分钟	40 分钟
第5章 特殊：色卡与混合模式调色	20 分钟	20 分钟
第6章 个性：怎么 DIY 自己的调色预设	30 分钟	30 分钟
第7章 快速：如何借用 LUT 预设调色	20 分钟	20 分钟
第8章 风光调色——这样调，让景色更迷人	60 分钟	60 分钟
第9章 人像调色——让人物画面丰富多彩	40 分钟	40 分钟
第10章 网红色调——大神都爱用的 ins 风格	30 分钟	30 分钟
第11章 电影风格——跟着美学巅峰学调色	40 分钟	40 分钟
合计	6 小时	6 小时

温馨提示

编写本书时，笔者基于剪映软件截取实际操作图片，但书从编写到编辑出版需要一段时间，在这段时间里，软件界面与功能会有调整与变化，比如有的内容删除了、有的内容增加了，这是软件开发商做的更新，很正常。读者在阅读本书时，可以根据书中的思路，举一反三地进行学习，不必拘泥于细微的变化。

素材获取

读者可以用微信扫一扫右侧二维码，关注官方微信公众号，输入本书 77 页的资源下载码，根据提示获取随书附赠的超值资料包的下载地址及密码。

观看《调色师手册》视频教学，请扫码：

观看 103 集视频课《从零开始学短视频剪辑》，请扫码：

作者售后

本书由木白编著，参与编写的人员有邓陆英，提供视频素材和拍摄帮助的人员有向小红、苏苏、巧慧、燕羽、徐必文、黄建波等，在此表示感谢。

由于作者知识水平有限，书中难免有错误和疏漏之处，恳请广大读者批评、指正，联系微信：157075539。如果您对本书的建议，也可以给我们发邮件：guofaming@pup.cn。

木白

目录

第1章　入门：调色师必学的理论与流程

1.1　调色理论：掌握原理和认识示波器　002
　　1.1.1　了解色彩原理　002
　　1.1.2　了解调色心理学　005
　　1.1.3　认识剪映示波器　006

1.2　一级校色：调色主要调什么　008
　　1.2.1　了解调节参数　008
　　1.2.2　调整曝光　008
　　1.2.3　调整饱和度　011
　　1.2.4　调整对比度　012
　　1.2.5　调整高光、阴影　014
　　1.2.6　调整色温、色调　016
　　1.2.7　调整HSL　018

1.3　二级调色：对局部认真细调　020
　　1.3.1　抠像调色　020
　　1.3.2　局部调色　024
　　1.3.3　模糊视频背景　026

课后实训　调整褪色、暗角　028

第2章　进阶：轻松玩转滤镜调色

2.1　常用的基础滤镜　031
　　2.1.1　净白滤镜　031
　　2.1.2　去灰滤镜　032

2.2　美化肌肤的人像滤镜　034
　　2.2.1　白皙滤镜　034
　　2.2.2　金属滤镜　036

2.3　像一幅画般的风景滤镜　038
　　2.3.1　绿妍滤镜　038
　　2.3.2　樱粉滤镜　039

2.4　让食物诱人的美食滤镜　041
　　2.4.1　轻食滤镜　041
　　2.4.2　赏味滤镜　043

2.5　创新大胆的风格化滤镜　045
　　2.5.1　日落橘滤镜　045
　　2.5.2　星云滤镜　047

课后实训　复古胶片滤镜　048

第3章　新增：曲线和色轮调色

3.1　使用曲线来调色　051
　　3.1.1　调整亮度曲线　051
　　3.1.2　调整红色曲线　054
　　3.1.3　调整绿色曲线　055
　　3.1.4　调整蓝色曲线　057

3.2　色轮知识与案例　058
　　3.2.1　认识一级色轮与Log色轮　059
　　3.2.2　在一级色轮下调色　059
　　3.2.3　在Log色轮下调色　061

课后实训　调整蓝色曲线　064

第4章　高级：巧用蒙版、关键帧调色

4.1　蒙版、关键帧调色的原理　066
　　4.1.1　认识蒙版　066
　　4.1.2　认识关键帧　067

4.2　实战调色案例教学　069
　　4.2.1　划屏对比：《色彩反差》　069
　　4.2.2　季节变换：《夏季变秋季》　072
　　4.2.3　分层调色：《水墨荷花》　074
　　4.2.4　蒙版Vlog：《置身花海》　078

课后实训　让秋天变冬天　082

第5章　特殊：色卡与混合模式调色

5.1　色卡与混合模式调色的原理　084
　　5.1.1　认识色卡　084
　　5.1.2　制作色卡　084
　　5.1.3　设置混合模式　085

5.2　实战调色案例教学　087
　　5.2.1　日落灯氛围：《温暖的一刻》　087
　　5.2.2　克莱因蓝：《孤日与海》　089
　　5.2.3　美白肤色：《楚楚少女》　092

课后实训　粉紫氛围：《旗袍韵味》　094

第6章　个性：怎么DIY自己的调色预设

6.1　我的预设是什么　097
　　6.1.1　认识预设　097
　　6.1.2　运用预设调色　098

6.2　实战调色案例教学　100
　　6.2.1　梦幻紫色调：《薰衣草花海》　100
　　6.2.2　哈苏清冷绿：《小荷尖尖》　104
　　6.2.3　治愈蓝色调：《江河淼淼》　108
　　6.2.4　黑金色调：《城市车流》　111

课后实训　明亮色调：《港口风光》　114

第7章　快速：如何借用LUT工具调色

7.1　认识LUT工具　117
　　7.1.1　LUT是什么　117
　　7.1.2　LUT的格式　117

7.2　如何添加LUT　118
　　7.2.1　在剪映中导入LUT文件　118
　　7.2.2　应用LUT工具进行调色　120
7.3　实战调色案例教学　121
　　7.3.1　清新LUT：《斑驳树影》　121
　　7.3.2　胶片LUT：《漫步老街》　123
　　7.3.3　通透LUT：《自由的海鸥》　125
　　7.3.4　美食LUT：《美味食物》　126
　　7.3.5　青橙LUT：《古镇风情》　128
课后实训　通用LUT：《海棠花开》　130

第8章　风光调色——这样调，让景色更迷人

8.1　海景风光调色：《海天一色》　132
　　8.1.1　用剪映电脑版制作　132
　　8.1.2　用剪映手机版制作　135
8.2　森林植物调色：《墨绿森系》　137
　　8.2.1　用剪映电脑版制作　137
　　8.2.2　用剪映手机版制作　140
8.3　夕阳天空调色：《粉色晚霞》　141
　　8.3.1　用剪映电脑版制作　142
　　8.3.2　用剪映手机版制作　144
8.4　路边花朵调色：《艳丽的小花》　145
　　8.4.1　用剪映电脑版制作　145
　　8.4.2　用剪映手机版制作　147
8.5　黄花变白调色：《给花朵换衣服》　148
　　8.5.1　用剪映电脑版制作　148
　　8.5.2　用剪映手机版制作　149
8.6　蓝天白云调色：《来自草原的呼唤》　151
　　8.6.1　用剪映电脑版制作　151
　　8.6.2　用剪映手机版制作　152
8.7　变换天空调色：《让天空随心变》　153
　　8.7.1　用剪映电脑版制作　153
　　8.7.2　用剪映手机版制作　154
8.8　调出四季调色：《变出一年四时》　155
　　8.8.1　用剪映电脑版制作　156
　　8.8.2　用剪映手机版制作　159
课后实训　建筑风光调色：《天地一隅》　160

第9章　人像调色——让人物画面丰富多彩

9.1　日系清新调色：《夏日感》　163
　　9.1.1　用剪映电脑版制作　163
　　9.1.2　用剪映手机版制作　165
9.2　时尚风格调色：《酷女孩》　166
　　9.2.1　用剪映电脑版制作　166
　　9.2.2　用剪映手机版制作　167
9.3　港风人像调色：《年代女孩》　168
　　9.3.1　用剪映电脑版制作　168
　　9.3.2　用剪映手机版制作　170

9.4　古风人像调色：《清丽脱俗》　171
　　9.4.1　用剪映电脑版制作　171
　　9.4.2　用剪映手机版制作　172
9.5　冷系甜美调色：《如冰激凌般》　173
　　9.5.1　用剪映电脑版制作　174
　　9.5.2　用剪映手机版制作　175
课后实训　青调人像调色：《江南女子》　176

第10章　网红色调——大神都爱用的ins风格

10.1　糖果色调：《甜蜜世界》　179
　　10.1.1　用剪映电脑版制作　179
　　10.1.2　用剪映手机版制作　180
10.2　街拍调色：《小城故事》　181
　　10.2.1　用剪映电脑版制作　182
　　10.2.2　用剪映手机版制作　183
10.3　电影感调色：《人生海海》　184
　　10.3.1　用剪映电脑版制作　184
　　10.3.2　用剪映手机版制作　186
10.4　宫崎骏色调：《漫画云端》　187
　　10.4.1　用剪映电脑版制作　187
　　10.4.2　用剪映手机版制作　189
10.5　赛博朋克色调：《科技城市》　190
　　10.5.1　用剪映电脑版制作　190
　　10.5.2　用剪映手机版制作　192
10.6　人文纪实调色：《人间烟火》　193
　　10.6.1　用剪映电脑版制作　193
　　10.6.2　用剪映手机版制作　195
课后实训　芭比粉色调：《浪漫时刻》　196

第11章　电影风格——跟着美学巅峰学调色

11.1　青绿色调：电影《克莱尔的膝盖》调色　199
　　11.1.1　用剪映电脑版制作　199
　　11.1.2　用剪映手机版制作　201
11.2　冷暖对比：电影《星球大战》调色　202
　　11.2.1　用剪映电脑版制作　203
　　11.2.2　用剪映手机版制作　205
11.3　灰暗风格：电影《异形》调色　205
　　11.3.1　用剪映电脑版制作　206
　　11.3.2　用剪映手机版制作　208
11.4　橘黄风格：电影《金色池塘》调色　208
　　11.4.1　用剪映电脑版制作　209
　　11.4.2　用剪映手机版制作　211
课后实训　柔美风格：电影《苔丝》调色　212

附录　剪映快捷键大全　214

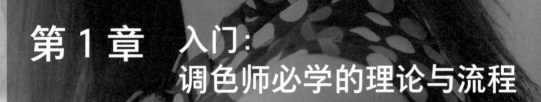

第 1 章　入门：
调色师必学的理论与流程

作为一名调色师，首先需要学习调色基础知识，然后才能在调色过程中得心应手。色彩在影视视频的编辑中，在某种程度上起着抒发情感的作用。但由于素材在拍摄和采集的过程中，常会遇到一些很难控制的环境光照，使拍摄出来的源素材色感欠缺、层次不明。本章将详细介绍调色理论和基础的调色流程，让你快速入门！

1.1 调色理论：掌握原理和认识示波器

自然界为什么是五彩斑斓的呢？原因就是色彩的存在。认识色彩可以让我们在之后的调色过程中更加容易理解调色步骤。剪映示波器则是针对专业调色设置的，根据示波器上的波形显示，可以让我们对视频色彩有更加精细的调整，而不是全凭肉眼来判断。

1.1.1 了解色彩原理

了解色彩原理首先要认识色彩，明白什么是互补色和相近色，了解相关的色彩参数和色彩的构成要素，这样有助于我们理解之后的调色过程。

1. 认识色彩

牛顿用三棱镜把太阳光分离出红、橙、黄、绿、青、蓝、紫七种色彩，色彩的来源就是光。在阳光的照射下，世界是丰富多彩的，人们也渐渐了解了色彩之间的关系，从而就有互补色和相近色。

在显示器上看到的色彩都是通过 RGB 参数显示的，也就是由红、绿、蓝三原色衍生而来的。RGB 模式是用三原色相加而来的，而 CMYK 模式则是用三原色相减而来的，如图 1-1 所示。

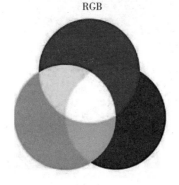

图1-1

从图 1-1 可以看出 RGB 与 CMYK 是相对应的，也就是红与青，绿与洋红，蓝与黄，为互补色。我们也可以简单地总结出一些原理：

● 红色与青色是互补色，与黄色和洋红色则是相近色；如果想要增加红色，就需要增加黄色和洋红色，减少青色。

● 绿色与洋红色是互补色，与黄色和青色则是相近色；如果想要增加绿色，就需要增加黄色和青色，减少洋红色。

● 蓝色与黄色是互补色，与青色和洋红色则是相近色；如果想要增加蓝色，就需要增加青色和洋红色，减少黄色。

2. 色相

苹果是红色的，柠檬是黄色的，天空是蓝色的，考虑到不同色彩的时候，时常用色相来表示，如图 1-2 所示。因此，用色相这一术语将色彩区分为红色、黄色或蓝色等类别。

色相是色彩的最大特征，所谓色相是指能够比较确切地表示某种颜色的名称，也是各种颜色直接的区别，同样也是不同波长的色光被感觉的结果。

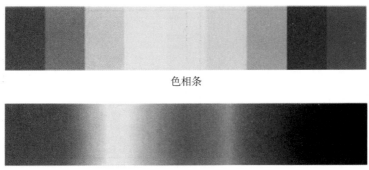

色相条

色相渐变条

图1-2

色相是由色彩的波长决定的，以红、橙、黄、绿、青、蓝、紫来代表不同特性的色彩相貌，构成了色彩体系中的最基本色相。色相一般由纯色表示，图 1-2 所示分别为色相的纯色块表现形式和色相间的渐变过渡形式。

虽然红色和黄色是完全不同的两种色相，但可以混合它们得到橙色。混合黄色和绿色可以得到黄绿色或青豆色，而绿色和蓝色混合则产生蓝绿色。因此，色相是互相关联的，我们把这些色相排列成圈，这个圈就是"色环"，如图 1-3 所示。

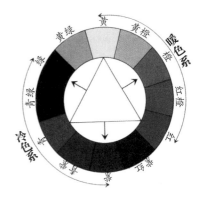

图1-3

3. 明度

有些颜色显得明亮，而有些却显得灰暗，这就是亮度是色彩分类的一个重要属性的原因。例如，柠檬的黄色就比葡萄柚的黄色显得更明亮一些。如果将柠檬的黄色与一杯红酒的红色相比呢？显然，柠檬的黄色更明亮。可见，明度可以用于对比色相不同的色彩，如图 1-4 所示。

明度高   明度低

图1-4

明度是眼睛对光源和物体表面的明暗程度的感觉，主要是由光线强弱决定的一种视觉经验。简单地说，明度可以理解为颜色的亮度，不同的颜色具有不同的明度，任何色彩都存在明暗变化，其中黄色明度最高，紫色明度最低，绿、红、蓝、橙的明度相近，为中间明度。另外在同一色相的明度中还存在深浅的变化，如绿色中由浅到深有粉绿、淡绿、翠绿等明度变化。

4. 纯度

纯度通常是指色彩的鲜艳程度，也称为色彩的饱和度、彩度、含灰度等，它是灰暗与鲜艳的对照，即同一种色相是相对鲜艳或灰暗的。纯度取决于该色中含色成分和消色成分的比例，其中灰色含量越少，饱和度值越大，图像的颜色就越鲜艳，如图 1-5 所示。

图1-5

如图 1-5 所示，用色相相同的颜色做比较，很难用明度来解释这两种颜色的不同，而纯度这一概念则可以很好地解释为什么我们看到的颜色如此不同。

有彩色的各种颜色都具有彩度值，无彩色的彩度值为 0，彩度由于色相的不同而不同，而且即使是相同的色相，因为明度的不同，彩度也会随之变化。

色彩的纯度强弱，是指色相感觉明确或含糊、鲜艳或混浊的程度。高纯度色相加白或黑，可以提高或减弱其明度，但都会降低它们的纯度。如加入中性灰色，也会降低色相纯度。

纯度用来表现色彩的鲜艳和深浅，色彩的纯度变化可以产生丰富的强弱不同的色相，而且使色彩产生韵味与美感。

同一色相的色彩，没有掺杂白色或者黑色，则被称为纯色。在纯色中加入不同明度的无彩色，会出现不同的纯度，如图 1-6 所示。

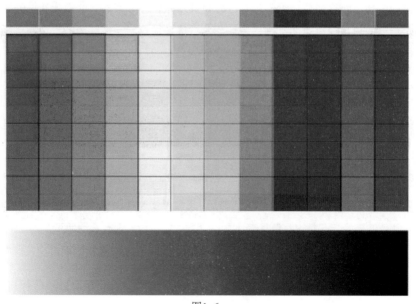

图1-6

以红色为例，向纯红色中加入一点白色，纯度下降而明度上升，变为淡红色。继续增加白色的量，颜色会越来越淡，纯度下降，而明度持续上升。向纯红色中加入一点黑色，纯度和明度都会下降，变为深红色。继续增加黑色的量，颜色会越来越暗，纯度和明度都持续下降。

1.1.2　了解调色心理学

认识色彩之后，可以试着从心理学角度了解调色，虽然调色看似是技术后期层面的工作，但是为何调色？调色的结果是什么？相信你在了解完调色心理学之后，就会对调色有一个更深层次的体会。

1. 认识心理颜色

日常生活中人们所看到的颜色在很大程度上受心理因素的影响，这就形成了心理颜色视觉感，每种颜色给人的心理感觉也是有差异的。

- 黑色：黑色象征着威望、严肃和低调，在公开场景、创作和表现专业上是比较常见的。
- 白色：白色象征纯洁、神圣，给人梦幻和高洁之感。
- 红色：红色代表热情、自信和能量充沛，当然有时也会给人危险的心理压力。
- 蓝色：蓝色是一种比较知性的色彩，代表诚实和信赖，比较庄重和独立。
- 粉红色：粉红色代表温柔和甜美，有安抚人心的亲切感。当然，切忌大面积、高饱和地使用。
- 橙色：橙色让人感受到热情，也代表着健康和开朗，在服务行业中很常见。
- 黄色：黄色是一种比较温暖的颜色，给人快乐、有活力的感觉。
- 绿色：绿色象征大自然，代表自由和平，明度较低的绿色也是常见的高级色。
- 紫色：紫色象征优雅和浪漫，也带些高雅、孤傲，表现着成熟和华丽。

2. 调色心理学价值

经过科学研究发现，在红光的影响下，人们的脑电波和皮肤电活动会发生变化，而且听觉感受性下降，握力增加；而在蓝光下，物体就变小了。所以，在红光下工作的工人比在蓝光下工作的工人力量大些，工作效率却是较低的。

这就说明色彩对人们心理上的影响是不知不觉的，甚至有些还会对人产生应激刺激，更高层次的，还会影响观念和信仰。总之，调色对人的心理产生影响，就代表着调色的心理学价值不容小觑。

冷色与暖色是人们对物质最常见的物理学分类，在灯光上就有强烈的效果，比如炽光灯给人温暖的感觉，日光灯则给人清爽的感觉。

冷色与暖色除去给我们温度上的不同感觉外，还会带来其他的一些感受。如图 1-7 所示，暖色的图片给人偏重、密度强、透明感较弱和干燥的感觉；冷色的图片则给人偏轻、稀薄、透明感

图1-7

较强和湿润的感觉。这些感觉都是偏向于对物理方面的印象，但却不是物理的真实，而是受我们的心理作用而产生的主观印象，它属于一种心理错觉。

3. 调色影响观众心理与情绪

我们发现，在电影中的色彩差异是很明显的，由于电影类型的不同，每种类型和风格的电影在色彩

上也会有所差异，因为在影响观众的众多因素中，调色仅次于音乐，位居第二。

比如，喜剧片中的色彩大多是比较偏向温暖的暖色调；科幻片大多则是偏蓝、偏冷静的冷色调；恐怖片是比较灰暗的色彩，或者偏红偏绿的色彩。因为暖色调通常会让人感觉到亲切和柔和，而冷色调则让人感觉到更冷静和自然，所以就造成了电影调色会有差异。

色彩影响人的心理和情绪，所以有经验的调色师在调色时，面对不同类型的视频，就会提前有自己的调色判断，这也是基于经验与理论相结合的一种方法，也会让你在调色过程中少走弯路。

在纪录片中，大部分都是中色调，只做色彩矫正，不做过多的风格化调色和偏色处理，因为纪录片要展示真实的图像和色彩，让观众得到客观的心理感受。

当然，从某种意义上说，调色也是做加减法，因为当观众从视觉上删去一些信息时，就会从另外一些方面集中注意力。图 1-8 所示为电影《夺宝奇兵》的两种调色画面，当画面色彩处于高饱和的状态时，观众会把视觉重心转移到色彩艳丽或者对比明显的事物上；而当画面处于低饱和的状态时，观众的注意力大多是聚焦在主体人物上的，会忽略环境和路人。

图1-8

1.1.3 认识剪映示波器

剪映示波器需要单击相应按钮才能显示，具体步骤如下。

步骤 01 在剪映中导入一个视频素材并将其添加到视频轨道中，在"播放器"面板中，单击"示波器"按钮 ，如图 1-9 所示。

步骤 02 之后面板中弹出 3 个波形图，如图 1-10 所示。

图1-9   图1-10

1. RGB 示波器

　　RGB 示波器波形有三种颜色，分别是红、绿、蓝，如图 1-11 所示。示波器的横轴对应视频画面的每一个横切面；高度则代表区域色彩的强度，高度越高，强度越强。因此，纵轴中的数值越接近 0，则表示越接近画面的暗部，同理中间数值 512 左右的区域就是中间调，越接近数值 1023，就是越接近亮部。

　　从图 1-11 所示画面的 RGB 示波器中可以看出，红色主要分布在中间到底部左右的位置，因此画面暗部是以红色为主的；蓝色则是接近了数值 1023，画面亮部多为蓝色；绿色在画面中显示得虽然不多，但在示波器中主要是中间调。

　　示波器中的蓝色在顶部和中间往下的位置都有，说明亮部区域和偏暗的区域都有蓝色，从画面中也可以看出建筑物最亮的地方和最暗的地方都是蓝色。

2. RGB 叠加示波器

　　RGB 叠加示波器和 RGB 示波器虽然表现形式不同，但是显示的信息是相同的。RGB 示波器是显示单独的色彩通道，可以独立观察每个波形；而 RGB 叠加示波器是把三个通道的波形叠加在一起，可以整体观察和判断波形。

　　在 RGB 叠加示波器中，可以看到三种色彩通道是混合在一起的，如图 1-12 所示。如果三个波形对齐，波形图中的色彩就是偏白色；不对齐的波形，则是显示各自波形通道的色彩，因此可以判断视频画面是否偏色。

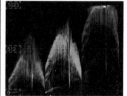

图1-11

3. 矢量示波器

　　矢量示波器是用来判断图像的饱和度的。波形图上有 6 个字母，分别代表不同的颜色：R（红色）、M（洋红色）、B（蓝色）、C（青色）、G（绿色）、Y（黄色），如图 1-13 所示。

　　饱和度越高，就越偏离中心点。从图 1-13 可以判断，波形图中的波形向黄色和红色之间的区域延伸，也就是橙红色的饱和度很高，其他颜色的饱和度则是非常低的。

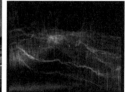

图1-12

图1-13

　　认识和了解剪映示波器后，我们可以通过专业的波形图判断视频画面，比如是否偏色、色彩是否平衡，然后才能对症下药去调整画面色彩。

1.2 一级校色：调色主要调什么

一级校色是调色的基础。通过色彩校正，控制整体的色调，从而展现视频画面的情绪氛围。本节主要向读者介绍在剪映中对视频画面进行色彩校正的方法。

1.2.1 了解调节参数

在校色之前，我们需要了解剪映里各个调节参数代表的意思。剪映中一共有 12 个主要的调节参数，如图 1-14 所示，分别是电脑版剪映中参数和手机版剪映中的部分参数。

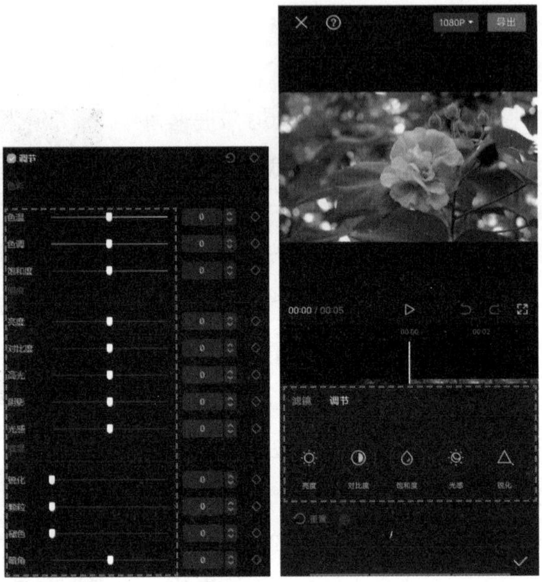

● 色温：画面的基本冷暖色调。越向左，画面越偏蓝，给人冷的感觉；越向右，画面越偏红，给人暖的感觉。

● 色调：画面的基本色调。越向左，画面越偏绿；越向右，画面越偏洋红。

● 饱和度：色彩的鲜艳程度。参数越高，画面色彩越鲜艳。

● 亮度：色彩的明亮度。参数越高，色彩越亮越鲜艳。

图1-14

● 对比度：画面对比。参数调得越高，暗部越暗，亮部越亮。

● 高光：画面中比较亮的部分。参数越高越亮，参数越低越灰。

● 阴影：画面中比较暗的部分。参数越高越灰，参数越低越暗。

● 光感：光的强弱。参数越高，越容易曝光过度，因此画质会变差；参数越低，意味着曝光低，画质会偏好一点。

● 锐化：画面轮廓的细致程度。参数越高，轮廓越明显。

● 颗粒：加入视频噪点。参数越高，画面颗粒感越严重，在复古风格的视频中可以加入。

● 褪色：与饱和度相反。参数越高，画面越偏灰，色彩越不鲜艳。

● 暗角：特殊情况使用。参数越高，画面周围就越暗，阴影越大；参数越低，阴影越小。

1.2.2 调整曝光

效果对比 在强光环境下拍摄视频，经常会出现曝光过度的问题，后期调整画面曝光可以让画面色彩更加真实，从而突出画面中的细节。效果对比如图 1-15 所示。

图1-15

1. 用剪映电脑版制作

剪映电脑版的操作方法如下。

步骤 01 打开电脑版剪映，进入视频编辑界面，在"菜单"面板中单击"导入"按钮，如图 1-16 所示。

步骤 02 弹出"请选择媒体资源"对话框，❶选择相应的视频素材；❷单击"打开"按钮，如图 1-17 所示。

图1-16

图1-17

步骤 03 添加素材之后，单击视频右下角的"添加到轨道"按钮➕，如图 1-18 所示。

步骤 04 即可把视频添加到视频轨道中，如图 1-19 所示。

步骤 05 ❶单击界面右上角的"调节"按钮；❷在"调节"选项区中拖曳滑块，设置"亮度"参数为 -9、"高光"参数为 -6、"光感"参数为 -19，调整曝光，让色彩更加真实，画面变得清晰一些，如图 1-20 所示。

图1-18

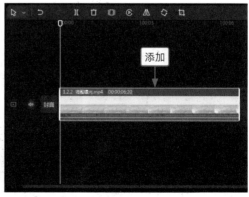

图1-19

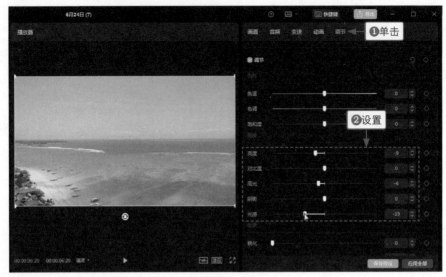

图1-20

2. 用剪映手机版制作

剪映手机版的操作方法如下。

步骤 01 打开手机版剪映，点击"开始创作"按钮，如图 1-21 所示。

步骤 02 在相册中添加相应的视频素材，进入视频编辑界面，❶选择视频素材；❷点击"调节"按钮，如图 1-22 所示。

步骤 03 在"调节"选项卡中选择相应的选项，拖曳相应的滑块，设置"亮度"参数为 -9、"高光"参数为 -6、"光感"参数为 -19，调整曝光，从而让色彩更加真实，画面也变得清晰一些，部分参数如图 1-23 所示。

图1-21　　　　　　　　图1-22　　　　　　　　图1-23

1.2.3　调整饱和度

效果对比　在剪映中调整视频的"饱和度"参数，可以让画面色彩变得更鲜艳、让灰白的视频变得更通透、让风景变得更美丽。效果对比如图 1-24 所示。

图1-24

1. 用剪映电脑版制作

剪映电脑版的操作方法如下。

步骤 01　在电脑版剪映中导入视频，单击视频右下角的"添加到轨道"按钮 ，如图 1-25 所示。

步骤 02　把视频添加到视频轨道中，拖曳时间指示器至视频 00:00:02:20 的位置，如图 1-26 所示。

步骤 03　❶单击界面右上角的"调节"按钮；❷在"调节"选项区中拖曳滑块，设置"饱和度"参数为 50，让画面色彩更加鲜艳，如图 1-27 所示。

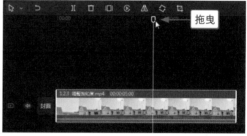

图1-25　　　　　　　　　　　　　　　　　图1-26

图1-27

2. 用剪映手机版制作

剪映手机版的操作方法如下。

步骤 01　在手机版剪映中导入素材，进入视频编辑界面，❶选择视频素材；❷拖曳时间轴至视频 2s 左右的位置；❸点击"调节"按钮，如图 1-28 所示。

步骤 02　在"调节"选项卡中拖曳滑块，设置"饱和度"参数为 50，让画面色彩更加鲜艳，如图 1-29 所示。

图1-28

图1-29

1.2.4　调整对比度

效果对比　当视频画面对比度过低时，就会出现图像不清晰或者画面色彩暗淡的情况，这时用户可以在剪映中通过调节"对比度"参数，提高画面的清晰度，突出明暗反差，让色彩更完整，从而展示画面中的细节。效果对比如图 1-30 所示。

1. 用剪映电脑版制作

剪映电脑版的操作方法如下。

图1-30

步骤 01　导入视频后，单击视频右下角的"添加到轨道"按钮，如图 1-31 所示。

步骤 02　把视频添加到视频轨道中，如图 1-32 所示。

步骤 03　❶单击界面右上角的"调节"按钮；❷在"调节"选项区中拖曳滑块，设置"对比度"参数为 37、"饱和度"参数为 9，让画面色彩对比更明显，如图 1-33 所示。

图1-31

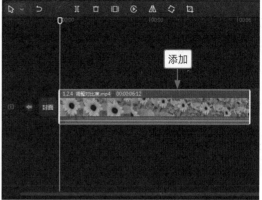

图1-32

图1-33

2. 用剪映手机版制作

剪映手机版的操作方法如下。

步骤 01　在手机版剪映中导入视频，❶选择视频；❷点击"调节"按钮，如图 1-34 所示。

步骤 02　在"调节"选项卡中设置"对比度"参数为 37，提高画面清晰度，如图 1-35 所示。

步骤 03　❶选择"饱和度"选项；❷设置参数为 9，让色彩更加鲜艳，如图 1-36 所示。

图1-34

图1-35

图1-36

1.2.5 调整高光、阴影

效果对比 通过调整"高光"和"阴影"参数，可以让画面中的明部和暗部变得更亮或者更暗，本案例是让灰暗的景色变得明亮起来。效果对比如图1-37所示。

图1-37

1. 用剪映电脑版制作

剪映电脑版的操作方法如下。

步骤 01 导入视频，单击视频右下角的"添加到轨道"按钮 ⊕，如图1-38所示。

步骤 02 把视频添加到视频轨道中，如图1-39所示。

 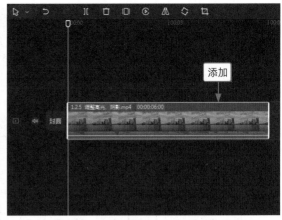

图1-38 图1-39

步骤 03 ❶单击"调节"按钮；❷在"调节"选项区中拖曳滑块，设置"高光"参数为45、"阴影"参数为28、"锐化"参数为13，让灰暗的景色变得明亮又清晰，如图1-40所示。

图1-40

2. 用剪映手机版制作

剪映手机版的操作方法如下。

步骤 01 导入视频，选择视频并点击"调节"按钮，设置"高光"参数为45，让亮部天空更明亮，如图1-41所示。

步骤 02 设置"阴影"参数为28，让暗部的河流等画面变灰一些，如图1-42所示。

步骤 03 设置"锐化"参数为13，稍微提高画面清晰度，如图1-43所示。

图1-41 图1-42 图1-43

1.2.6 调整色温、色调

效果对比 "色温"参数影响画面的基本冷暖色调，"色调"参数则是能让画面偏色，比如粉色或者紫色的花朵，最好是让其偏粉色或者紫色。效果对比如图 1-44 所示。

图1-44

1. 用剪映电脑版制作

剪映电脑版的操作方法如下。

步骤 01 导入视频，单击视频右下角的"添加到轨道"按钮 ⊕，如图 1-45 所示。

步骤 02 把视频添加到视频轨道中，如图 1-46 所示。

图1-45

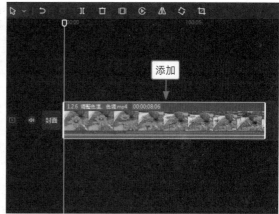

图1-46

步骤 03 ❶单击界面右上角的"调节"按钮；❷在"调节"选项区中拖曳滑块，设置"色温"参数为 -6、"色调"参数为 13、"饱和度"参数为 15，增强花朵与绿草的色彩对比，让花朵颜色更加鲜艳，如图 1-47 所示。

图1-47

2. 用剪映手机版制作

剪映手机版的操作方法如下。

步骤 01 导入视频，选择视频并点击"调节"按钮，设置"色温"参数为 -6，让画面微微偏冷色调，如图 1-48 所示。

步骤 02 设置"色调"参数为 13，让画面偏紫色，如图 1-49 所示。

步骤 03 设置"饱和度"参数为 15，让画面色彩更加艳丽，如图 1-50 所示。

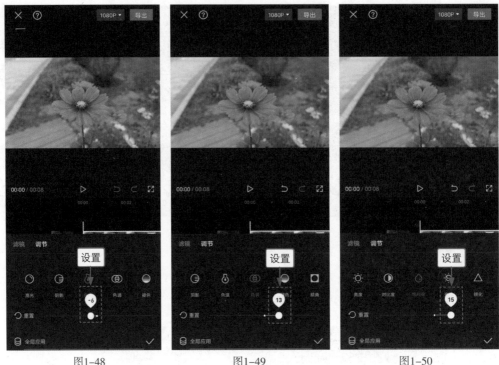

图1-48 　　　　　　　　　　图1-49 　　　　　　　　　　图1-50

1.2.7　调整 HSL

效果对比　HSL 工具，由色相、饱和度、亮度组成，共有 8 种颜色范围，分别对应画面中的颜色，通过调整不同的颜色参数，就能精准改变画面色彩。效果对比如图 1-51 所示。

图1-51

1. 用剪映电脑版制作

剪映电脑版的操作方法如下。

步骤 01　在电脑版剪映中导入视频，❶单击"调节"按钮；❷切换至"HSL"选项卡；❸拖曳滑块，设置红色的"色相"参数为 34、"饱和度"参数为 40、"亮度"参数为 –31，如图 1-52 所示，调整画面中红色石榴花的色彩，让其更加鲜艳。

步骤 02　❶选择绿色选项◯；❷设置"色相"参数为 32、"饱和度"参数为 51、"亮度"参数为 24，如图 1-53 所示，让叶子的颜色更加翠绿。

步骤 03 ❶选择青色选项○；❷设置"色相"参数为11、"饱和度"参数为36、"亮度"参数为-41，
如图 1-54 所示，微微调整天空的色彩。

图1-52

图1-53

图1-54

2. 用剪映手机版制作

剪映手机版的操作方法如下。

步骤 01 导入视频，❶选择视频；❷点击"调节"按钮，如图 1-55 所示。

步骤 02 在弹出的"调节"选项卡中选择"HSL"选项，如图 1-56 所示。

步骤 03 在面板中设置与电脑版一样的红色、绿色和青色的参数，部分参数如图 1-57 所示。

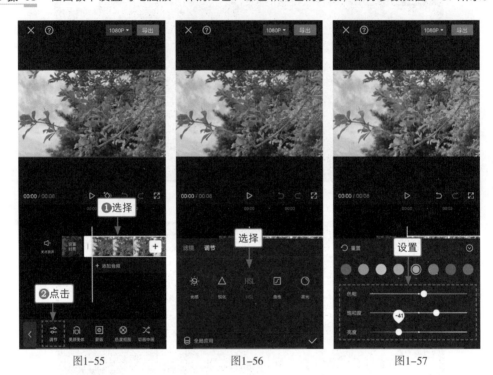

图1-55　　　　　　　　　图1-56　　　　　　　　　图1-57

1.3　二级调色：对局部认真细调

二级调色则是在一级调色处理的基础上，对素材图像的局部画面进行细节处理，比如物品颜色突出、肤色深浅、服装搭配、去除杂物、抠像等细节，并对素材图像的整体风格进行色彩处理，保证整体色调统一。如果一级调色在进行校色调整时没有处理好，会影响到二级调色。因此，用户在进行二级调色前，一级调色可以处理的问题，不要留到二级调色时再处理，这样就能提高调色效率和质量。

1.3.1　抠像调色

效果对比 在剪映中，可以运用"智能抠像"功能抠

图1-58

出人像，然后再对人像进行磨皮瘦脸和美白等处理，以及提升"光感"参数等操作。在不改变环境色彩的情况下，对人像进行抠像调色，突出人像主体，让人像更加完美。效果对比如图 1-58 所示。

1. 用剪映电脑版制作

剪映电脑版的操作方法如下。

步骤 01 导入素材，单击素材右下角的"添加到轨道"按钮➕，如图 1-59 所示。

步骤 02 把素材添加到视频轨道中，拖曳同一段素材至画中画轨道中，如图 1-60 所示。

步骤 03 ❶切换至"抠像"选项卡；❷选中"智能抠像"复选框抠出人像，如图 1-61 所示。

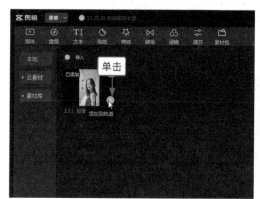

图1-59

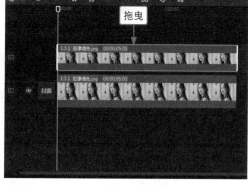

图1-60

图1-61

步骤 04 切换至"基础"选项卡，❶选中"智能美颜"复选框，系统默认"磨皮"和"瘦脸"参数为 50；❷设置"美白"参数为 50，让人像皮肤变得光滑又白皙，如图 1-62 所示。

步骤 05 ❶选中"智能美体"复选框，系统默认"瘦身"和"长腿"参数为 50；❷设置"小头"参数为 30，让人像的比例变得更完美，如图 1-63 所示。

步骤 06 ❶单击"调节"按钮；❷设置"色温"参数为 -8、"光感"参数为 5，在不改变背景色彩的条件下，让人像的皮肤更加像冷白皮，如图 1-64 所示。

图1-62

图1-63

图1-64

2. 用剪映手机版制作

剪映手机版的操作方法如下。

步骤 01 导入素材并设置时长为 5s，❶选择素材；❷点击"复制"按钮，如图 1-65 所示。

步骤 02 复制素材后，❶选择第 1 段素材；❷点击"切画中画"按钮，如图 1-66 所示。

步骤 03 把素材切换至画中画轨道中，点击"智能抠像"按钮，抠出人像，如图 1-67 所示。

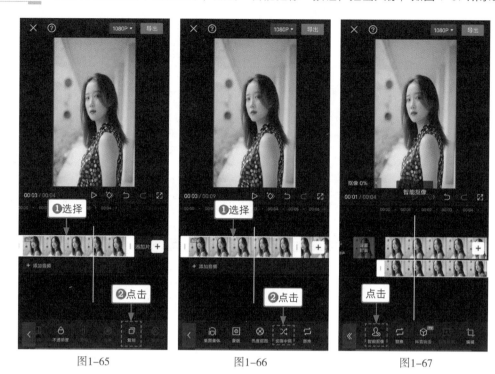

图1-65　　　　　　　　　　图1-66　　　　　　　　　　图1-67

步骤 04 依次点击"美颜美体"按钮和"智能美颜"按钮，如图 1-68 所示。

步骤 05 在"智能美颜"面板中设置"磨皮""瘦脸"和"美白"参数为 50，在"智能美体"面板中设置"瘦身"和"长腿"参数为 50、"小头"参数为 30，部分参数如图 1-69 所示。

步骤 06 之后在"调节"选项卡中设置"色温"参数为 -8、"光感"参数为 5，在不改变背景色彩的条件下，让人像变得更漂亮，如图 1-70 所示。

图1-68　　　　　　　　　　图1-69　　　　　　　　　　图1-70

1.3.2 局部调色

效果对比 在剪映中，可以运用"蒙版"功能对图像进行局部调色，调整局部细节，让画面整体色彩更和谐。效果对比如图 1-71 所示。

图1-71

1. 用剪映电脑版制作

剪映电脑版的操作方法如下。

步骤 01 在电脑版剪映中导入素材，单击素材右下角的"添加到轨道"按钮➕，如图 1-72 所示。

步骤 02 把素材添加到视频轨道中，拖曳同一段素材至画中画轨道中，如图 1-73 所示。

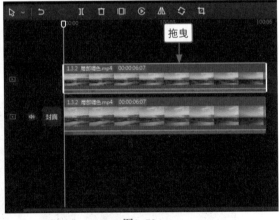

图1-72   图1-73

步骤 03 ❶切换至"蒙版"选项卡；❷选择"线性"蒙版；❸调整黄色蒙版线的位置，使其处于画面水天交界处；❹设置"羽化"参数为 4；❺单击"反转"按钮，如图 1-74 所示。

步骤 04 ❶单击"调节"按钮；❷设置"色温""色调"和"饱和度"参数都为 27，让水里倒影的色彩更加鲜艳，让画面整体更加和谐，如图 1-75 所示。

图1-74

图1-75

2. 用剪映手机版制作

剪映手机版的操作方法如下。

步骤 01 在剪映中导入两段同样的视频素材，把第 1 段视频素材切换至画中画轨道中，❶选择画中
画轨道中的视频素材；❷点击"蒙版"按钮，如图 1-76 所示。

步骤 02 ❶在"蒙版"面板中选择"线性"蒙版；❷调整蒙版线的位置和拖曳 ❊ 按钮微微调整羽化；
❸点击"反转"按钮，如图 1-77 所示。

步骤 03 在"调节"选项卡中设置"色温""色调"和"饱和度"参数都为 27，让水里倒影的色彩
更加鲜艳，让画面整体更加和谐，部分参数如图 1-78 所示。

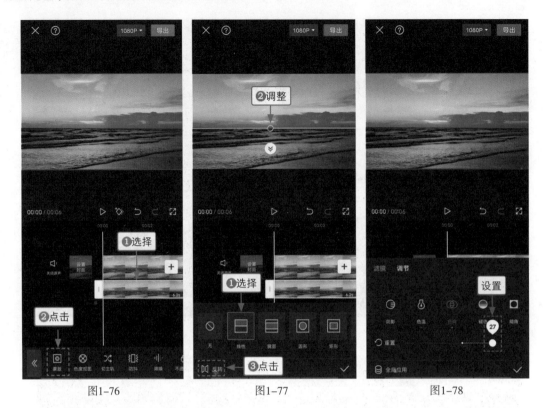

图1-76　　　　　　　　　图1-77　　　　　　　　　图1-78

1.3.3　模糊视频背景

效果对比　模糊视频背景也是可以通过抠像等操作完成，隐藏背景画面，让视频具有神秘感。效果对比如图 1-79 所示。

图1-79

1. 用剪映电脑版制作

剪映电脑版的操作方法如下。

步骤 01　导入素材，❶单击"特效"按钮；❷切换至"基础"选项卡；❸单击"模糊"特效右下角的"添加到轨道"按钮，如图 1-80 所示。

步骤 02　调整"模糊"特效的时长，使其对齐视频的时长，如图 1-81 所示，之后导出素材。

图1-80 图1-81

步骤 03 导入刚才导出的素材，单击素材右下角的"添加到轨道"按钮 ，如图 1-82 所示。

步骤 04 把模糊素材添加到视频轨道中，拖曳原始素材至画中画轨道中，如图 1-83 所示。

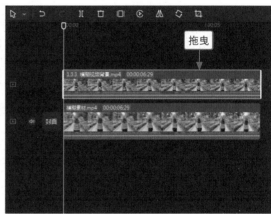

图1-82 图1-83

步骤 05 ❶切换至"抠像"选项卡；❷选中"智能抠像"复选框，抠出清晰的人像，留下模糊的视频背景，如图 1-84 所示。

图1-84

2. 用剪映手机版制作

剪映手机版的操作方法如下。

步骤 01 在剪映中导入两段同样的视频素材，把第1段视频素材切换至画中画轨道中，依次点击"特效"按钮和"画面特效"按钮，如图 1-85 所示。

步骤 02 ❶在"基础"选项卡中添加"模糊"特效，并调整其时长，使其对齐视频的时长；❷点击"作用对象"按钮，在弹出的面板中选择"主视频"选项，如图 1-86 所示。

步骤 03 选择画中画轨道中的视频，点击"智能抠像"按钮，抠出人像，如图 1-87 所示。

图1-85　　　　　图1-86　　　　　图1-87

课后实训　调整褪色、暗角

效果对比 通过调整褪色和暗角，可以让视频变得复古起来，后期再添加老照片特效，就能制作复古怀旧视频，效果对比如图 1-88 所示。

图1-88

本案例制作主要步骤如下：

首先将视频添加到视频轨道中，❶单击"调节"按钮；❷在"调节"操作区中设置"褪色"参数为100、"暗角"参数为22，让画面变得暗淡些，如图1-89所示。

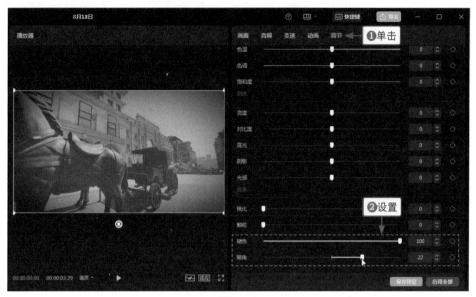

图1-89

然后❶单击"特效"按钮；❷在"特效"功能区中切换至"纹理"选项卡；❸单击"老照片"特效右下角的"添加到轨道"按钮 ，如图1-90所示。

最后在时间线面板上调整"老照片"特效的时长，使其对齐视频的时长，如图1-91所示。

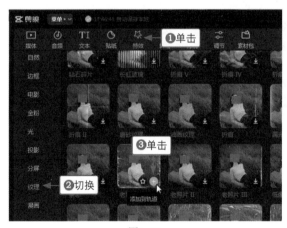

图1-90

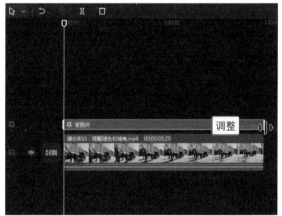

图1-91

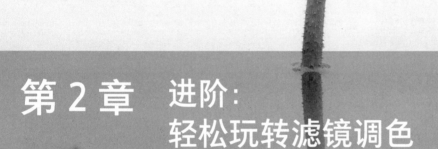

第 2 章 进阶：
轻松玩转滤镜调色

剪映滤镜库中的滤镜素材十分丰富，而且滤镜类型丰富多样，用户可以根据视频的风格类型选择不同种类的滤镜，从而精准地给视频添加滤镜。比如，一般的视频可以先添加"基础"类型的滤镜；人像视频就可以添加"人像"类型的滤镜；风景视频可以添加"风景"类型的滤镜，还有其他类型的视频也是以次类推。

2.1 常用的基础滤镜

剪映的基础滤镜目前有 5 种类型，分别是中性、质感暗调、去灰、清晰和净白。基础滤镜应用广泛，在各种类型的视频中都可以应用，本节主要介绍两款基础滤镜的操作方法。

2.1.1 净白滤镜

效果对比 净白滤镜自带小清新感，可以让中调的视频画面变得淡雅和清透，在田园风景类型视频中应用比较多。效果对比如图 2-1 所示。

图2-1

1. 用剪映电脑版制作

剪映电脑版的操作方法如下。

步骤 01 导入视频后，单击视频右下角的"添加到轨道"按钮 ⊕，如图 2-2 所示。

步骤 02 把视频添加到视频轨道中，如图 2-3 所示。

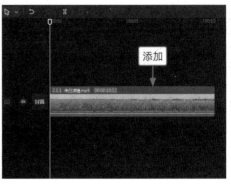

图2-2   图2-3

步骤 03 ❶单击"滤镜"按钮；❷切换至"基础"选项卡；❸单击"净白"滤镜右下角的"添加到轨道"按钮 ⊕，如图 2-4 所示。

步骤 04 调整"净白"滤镜的时长，使其对齐视频的时长，如图 2-5 所示，让画面更淡雅。

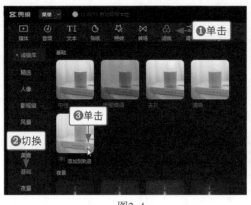 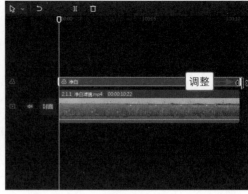

图2-4   图2-5

2. 用剪映手机版制作

剪映手机版的操作方法如下。

步骤 01 在手机版剪映中导入视频，点击"滤镜"按钮，如图 2-6 所示。

步骤 02 ❶在"基础"选项区中选择"净白"滤镜；❷设置参数为 100，如图 2-7 所示。

步骤 03 即可在轨道中添加一条"净白"滤镜，如图 2-8 所示。

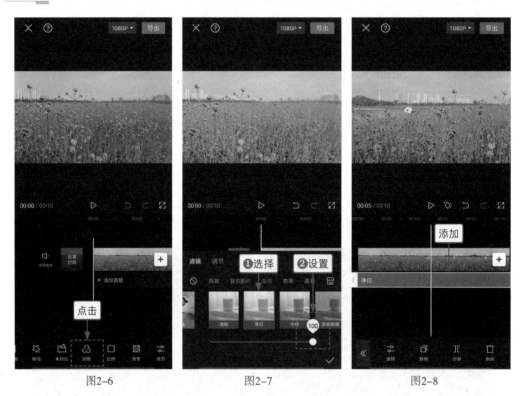

图2-6   图2-7   图2-8

2.1.2 去灰滤镜

效果对比 去灰滤镜在某种程度上和清晰滤镜的效果相似，都是可以让模糊的视频画面变得清晰一些，还能减少灰度，提亮画面色彩，让视频变得高清有质感。效果对比如图 2-9 所示。

图2-9

1. 用剪映电脑版制作

剪映电脑版的操作方法如下。

步骤 01 在电脑版剪映中导入视频后，单击视频右下角的"添加到轨道"按钮 ➕，如图 2-10 所示。

步骤 02 把视频添加到视频轨道中，如图 2-11 所示。

 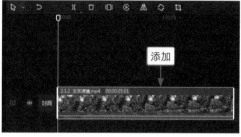

图2-10   图2-11

步骤 03 ❶单击"滤镜"按钮；❷切换至"基础"选项卡；❸单击"去灰"滤镜右下角的"添加到轨道"按钮 ➕，如图 2-12 所示。

步骤 04 调整"去灰"滤镜的时长，使其对齐视频的时长，如图 2-13 所示。

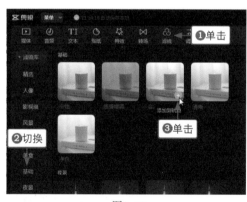 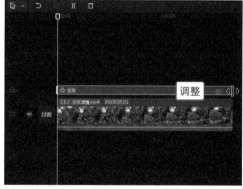

图2-12   图2-13

2. 用剪映手机版制作

剪映手机版的操作方法如下。

步骤 01 在手机版剪映中导入视频，❶选择视频；❷点击"滤镜"按钮，如图 2-14 所示。

步骤 02 ❶切换至"基础"选项区；❷选择"去灰"滤镜，如图 2-15 所示。

步骤 03 设置参数为 100，让滤镜强度效果更明显，如图 2-16 所示。

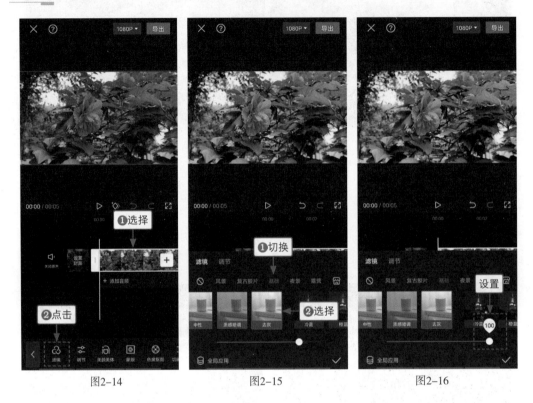

图2-14 图2-15 图2-16

2.2 美化肌肤的人像滤镜

人像滤镜在剪映中的种类非常多，足足有 20 款左右的滤镜样式，这些滤镜不仅有适合用在女生人像视频中的，还有适合男生人像视频的，让你的选择更加丰富。

2.2.1 白皙滤镜

效果对比 自然光下拍摄的人像视频一般都带点黄，后期添加白皙滤镜，可以让人像的皮肤变白一些，变得更美。效果对比如图 2-17 所示。

图2-17

1. 用剪映电脑版制作

剪映电脑版的操作方法如下。

步骤 01　导入视频后，单击视频右下角的"添加到轨道"按钮 ⊕，如图 2-18 所示。

步骤 02　把视频添加到视频轨道中，如图 2-19 所示。

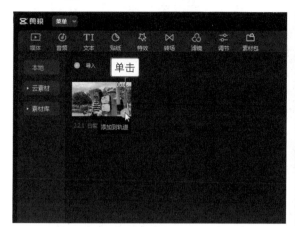

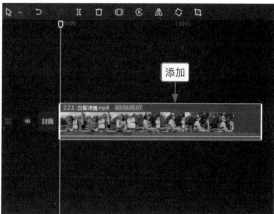

图2-18　　　　　　　　　　　　　　　　图2-19

步骤 03　❶单击"滤镜"按钮；❷切换至"人像"选项卡；❸单击"白皙"滤镜右下角的"添加到轨道"按钮 ⊕，如图 2-20 所示。

步骤 04　调整"白皙"滤镜的时长，使其对齐视频的时长，如图 2-21 所示。

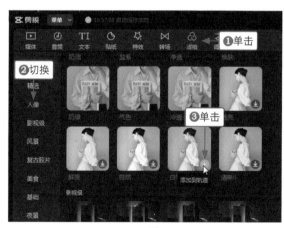

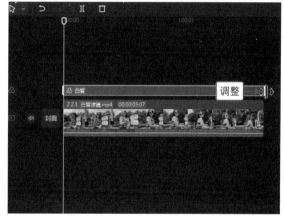

图2-20　　　　　　　　　　　　　　　　图2-21

2. 用剪映手机版制作

剪映手机版的操作方法如下。

步骤 01　在手机版剪映中导入视频，点击"滤镜"按钮，如图 2-22 所示。

步骤 02　❶切换至"人像"选项区；❷选择"白皙"滤镜，如图 2-23 所示。

步骤 03　设置参数为 100，让人像更白一些，如图 2-24 所示。

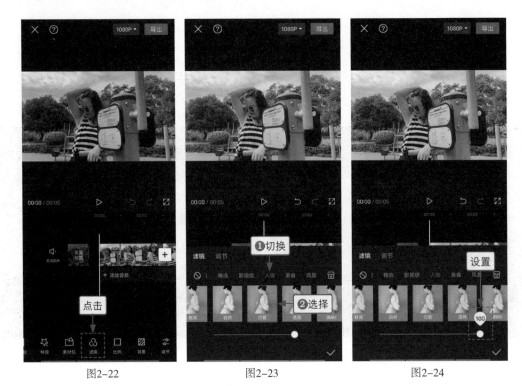

图2-22　　　　　　　　　图2-23　　　　　　　　　图2-24

2.2.2　金属滤镜

效果对比　相比较女生人像视频来说，男生人像视频的调色风格一般都偏硬朗一些，比如突出肌肉的纹理，或者让肤色偏黑一些，这样就显得有男子气概。金属滤镜就比较适合用在偏文艺范的男生人像视频中，还带点复古感。效果对比如图 2-25 所示。

图2-25

1. 用剪映电脑版制作

剪映电脑版的操作方法如下。

步骤 01　在电脑版剪映中导入视频后，单击视频右下角的"添加到轨道"按钮➕，如图 2-26 所示。

步骤 02　把视频添加到视频轨道中，如图 2-27 所示。

步骤 03　❶单击"滤镜"按钮；❷切换至"人像"选项卡；❸单击"金属"滤镜右下角的"添加到轨道"按钮➕，如图 2-28 所示。

步骤 04　调整"金属"滤镜的时长，使其对齐视频的时长，如图 2-29 所示。

图2-26

图2-27

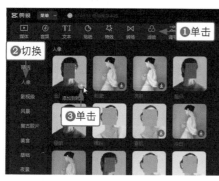

图2-28

图2-29

2. 用剪映手机版制作

剪映手机版的操作方法如下。

步骤 01 在手机版剪映中导入视频，❶选择视频；❷点击"滤镜"按钮，如图 2-30 所示。

步骤 02 ❶切换至"人像"选项区；❷选择"金属"滤镜，如图 2-31 所示。

步骤 03 设置参数为 100，让滤镜强度效果更明显，如图 2-32 所示。

图2-30　　　　　　　　图2-31　　　　　　　　图2-32

2.3 像一幅画般的风景滤镜

剪映中的风景滤镜类型多样，而且效果自然，运用这些风景滤镜可以让风景视频展现不一样的美，就如同一幅画一般。

2.3.1 绿妍滤镜

效果对比 绿妍滤镜适用于大部分的风景视频，尤其是有绿色的草或者树木，以及蓝色的天空或者湖水的风景视频，能让画面色彩变得更加鲜艳。效果对比如图 2-33 所示。

图2-33

1. 用剪映电脑版制作

剪映电脑版的操作方法如下。

步骤 01 导入视频后，单击视频右下角的"添加到轨道"按钮➕，如图 2-34 所示。

步骤 02 ❶单击"滤镜"按钮；❷切换至"风景"选项卡；❸单击"绿妍"滤镜右下角的"添加到轨道"按钮➕，如图 2-35 所示。

图2-34 图2-35

步骤 03 调整"绿妍"滤镜的时长，使其对齐视频的时长，如图 2-36 所示。

步骤 04 设置滤镜的"强度"参数为 90，如图 2-37 所示，让滤镜效果更加自然。

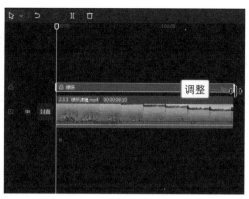 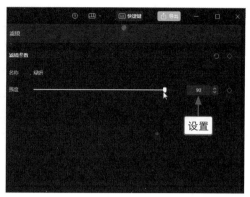

图2-36   图2-37

2. 用剪映手机版制作

剪映手机版的操作方法如下。

步骤 01 在手机版剪映中导入视频，点击"滤镜"按钮，如图 2-38 所示。

步骤 02 ❶切换至"风景"选项区；❷选择"绿妍"滤镜，如图 2-39 所示。

步骤 03 设置参数为 90，让滤镜效果更加自然，如图 2-40 所示。

图2-38   图2-39   图2-40

2.3.2 樱粉滤镜

效果对比 樱粉滤镜可以让绿色的草和树木变成粉红色，就如同樱花遍地一般，天空也会变得更蓝，粉蓝色占据了大部分的画面，就如同童话故事中的场景一般，非常梦幻。效果对比如图2-41所示。

图2-41

1. 用剪映电脑版制作

剪映电脑版的操作方法如下。

步骤 01 在电脑版剪映中导入视频，单击视频右下角的"添加到轨道"按钮⊕，如图 2-42 所示。

步骤 02 把视频添加到视频轨道中，如图 2-43 所示。

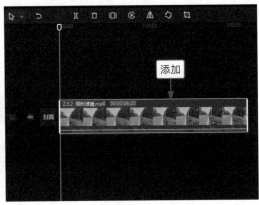

图2-42   图2-43

步骤 03 ❶单击"滤镜"按钮；❷切换至"风景"选项卡；❸单击"樱粉"滤镜右下角的"添加到轨道"
按钮⊕，如图 2-44 所示。

步骤 04 调整"樱粉"滤镜的时长，使其对齐视频的时长，如图 2-45 所示。

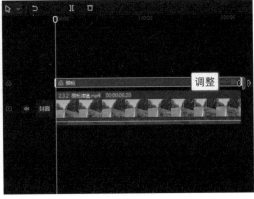

图2-44   图2-45

2. 用剪映手机版制作

剪映手机版的操作方法如下。

步骤 01 在手机版剪映中导入视频，❶选择视频；❷点击"滤镜"按钮，如图 2-46 所示。

步骤 02 ❶切换至"风景"选项区；❷选择"樱粉"滤镜，如图 2-47 所示。

步骤 03 设置参数为 100，让滤镜强度效果更明显，如图 2-48 所示。

图2-46

图2-47

图2-48

2.4 让食物诱人的美食滤镜

剪映中的美食滤镜，针对不同的食物有不同的滤镜，比如法餐滤镜、烘焙滤镜、西餐滤镜等，还有应用性广泛的轻食滤镜和赏味滤镜，能让食物更加诱人。

2.4.1 轻食滤镜

效果对比 轻食滤镜是一种偏黄、偏亮一些的滤镜，在这款滤镜下的食物色泽金黄，仿佛能闻到香味，让人垂涎欲滴。效果对比如图 2-49 所示。

图2-49

1. 用剪映电脑版制作

剪映电脑版的操作方法如下。

步骤 01 导入视频后，单击视频右下角的"添加到轨道"按钮 ⊕，如图 2-50 所示。

步骤 02 把视频添加到视频轨道中，如图 2-51 所示。

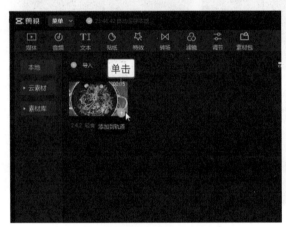

图2-50

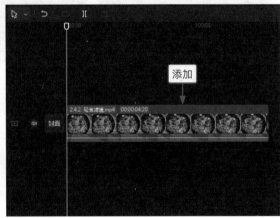

图2-51

步骤 03 ❶单击"滤镜"按钮；❷切换至"美食"选项卡；❸单击"轻食"滤镜右下角的"添加到轨道"按钮 ⊕，如图 2-52 所示。

步骤 04 调整"轻食"滤镜的时长，使其对齐视频的时长，如图 2-53 所示。

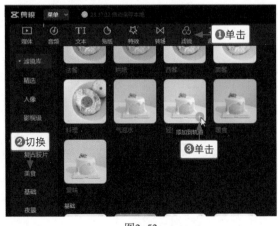

图2-52

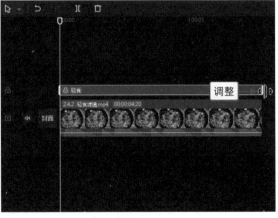

图2-53

2. 用剪映手机版制作

剪映手机版的操作方法如下。

步骤 01 在手机版剪映中导入视频，点击"滤镜"按钮，如图 2-54 所示。

步骤 02 ❶切换至"美食"选项区；❷选择"轻食"滤镜，如图 2-55 所示。

步骤 03 设置参数为 100，让美食更诱人，如图 2-56 所示。

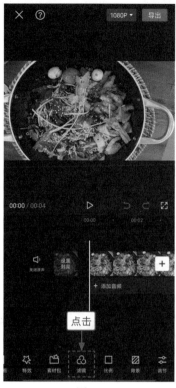

图2-54

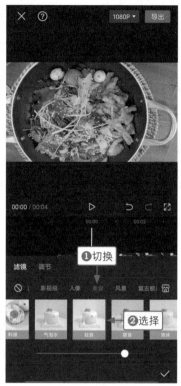

图2-55

图2-56

2.4.2 赏味滤镜

效果对比 赏味滤镜偏亮一些，能让原本平平无奇的食物展现出欣心悦目的一面，而且这款滤镜效果适中，很适合用在宣传视频中吸引顾客。效果对比如图 2-57 所示。

图2-57

1. 用剪映电脑版制作

剪映电脑版的操作方法如下。

步骤 01 　导入视频，单击视频右下角的"添加到轨道"按钮 ⊕，如图 2-58 所示。

步骤 02 　把视频添加到视频轨道中，如图 2-59 所示。

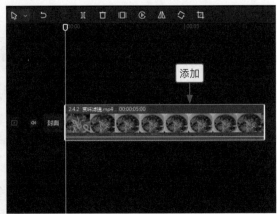

图2-58　　　　　　　　　　　　　　　图2-59

步骤 03 　❶单击"滤镜"按钮；❷切换至"美食"选项卡；❸单击"赏味"滤镜右下角的"添加到轨道"按钮 ⊕，如图 2-60 所示。

步骤 04 　调整"赏味"滤镜的时长，使其对齐视频的时长，如图 2-61 所示。

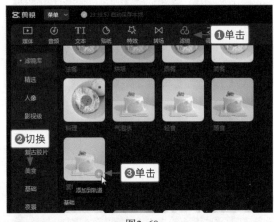

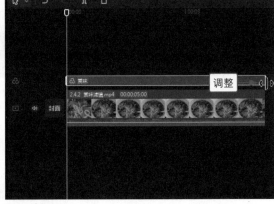

图2-60　　　　　　　　　　　　　　　图2-61

2. 用剪映手机版制作

剪映手机版的操作方法如下。

步骤 01 　在手机版剪映中导入视频，❶选择视频；❷点击"滤镜"按钮，如图 2-62 所示。

步骤 02 　❶切换至"美食"选项区；❷选择"赏味"滤镜，如图 2-63 所示。

步骤 03 　设置参数为 100，让滤镜强度效果更明显，如图 2-64 所示。

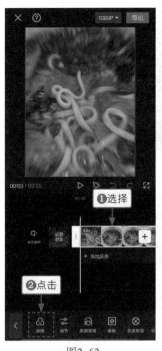

图2-62　　　　　　　　　　图2-63　　　　　　　　　　图2-64

2.5　创新大胆的风格化滤镜

风格化滤镜大多是偏色的滤镜，风格创新大胆，用在一些视频中可以增加艺术感，渲染气氛，让视频与众不同。

2.5.1　日落橘滤镜

效果对比　日落橘滤镜是一种大体偏橙黄色的滤镜，尤其是亮部，几乎都是橙黄色，而暗部就会变成深蓝色，这种极简风格的滤镜，能让画面更惊艳。效果对比如图 2-65 所示。

图2-65

1. 用剪映电脑版制作

剪映电脑版的操作方法如下。

步骤 01　导入视频后，单击视频右下角的"添加到轨道"按钮 ，如图 2-66 所示。

步骤 02　把视频添加到视频轨道中，如图 2-67 所示。

步骤 03　❶单击"滤镜"按钮；❷切换至"风格化"选项卡；❸单击"日落橘"滤镜右下角的"添加到轨道"按钮 ，如图 2-68 所示。

步骤 04　调整"日落橘"滤镜的时长，使其对齐视频的时长，如图 2-69 所示。

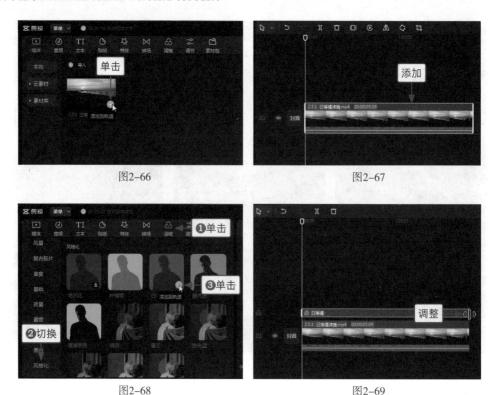

图2-66　　　　　　　　　　　图2-67

图2-68　　　　　　　　　　　图2-69

2. 用剪映手机版制作

剪映手机版的操作方法如下。

步骤 01 在手机版剪映中导入视频，点击"滤镜"按钮，如图 2-70 所示。

步骤 02 ❶切换至"风格化"选项区；❷选择"日落橘"滤镜，如图 2-71 所示。

步骤 03 设置参数为 100，让滤镜效果更明显，如图 2-72 所示。

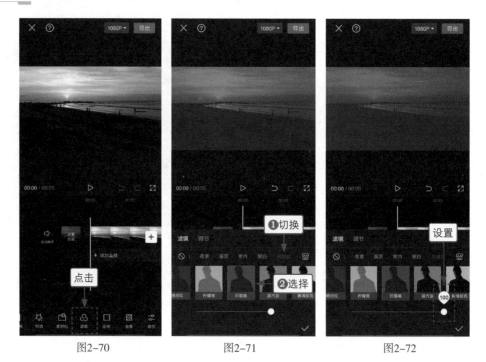

图2-70　　　　　　　图2-71　　　　　　　图2-72

2.5.2 星云滤镜

效果对比 对于不同类型的视频，在挑选滤镜时，一定要对症下药，这样得到的滤镜效果才能最好。星云滤镜主要改变视频画面中的云彩，使其偏蓝紫色，因此这款滤镜适用于有云朵的视频中。效果对比如图 2-73 所示。

1. 用剪映电脑版制作

剪映电脑版的操作方法如下。

步骤 01 在剪映电脑版中导入视频，单击视频右下角的"添加到轨道"按钮 ⊕，如图 2-74 所示。

步骤 02 把视频添加到视频轨道中，如图 2-75 所示。

步骤 03 ❶单击"滤镜"按钮；❷切换至"风格化"选项卡；❸单击"星云"滤镜右下角的"添加到轨道"按钮 ⊕，如图 2-76 所示。

步骤 04 调整"星云"滤镜的时长，使其对齐视频的时长，如图 2-77 所示。

图2-73

图2-74

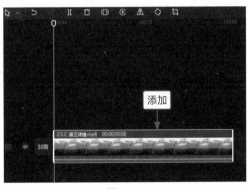

图2-75

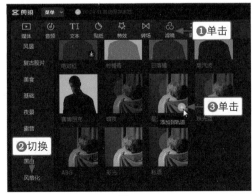

图2-76

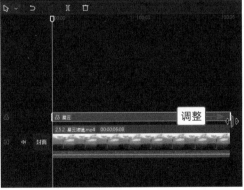

图2-77

2. 用剪映手机版制作

剪映手机版的操作方法如下。

步骤 01 在手机版剪映中导入视频，❶选择视频；❷点击"滤镜"按钮，如图 2-78 所示。

步骤 02 ❶切换至"风格化"选项区；❷选择"星云"滤镜，如图 2-79 所示。

步骤 03 设置参数为 100，让滤镜强度效果更明显，如图 2-80 所示。

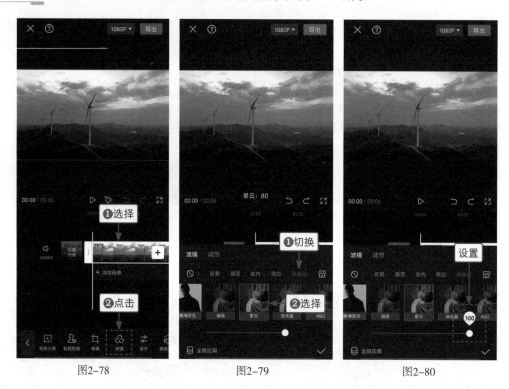

图2-78　　　　　　图2-79　　　　　　图2-80

课后实训　复古胶片滤镜

效果对比　复古胶片滤镜适合用在带些历史气息的视频中，不仅能调整画面色彩，还能让画面充满胶片感，就好像是用胶片相机拍摄出来的一般。效果对比如图 2-81 所示。

图2-81

本案例制作主要步骤如下：

首先将视频添加到视频轨道中，❶在功能区中单击"滤镜"按钮；❷切换至"复古胶片"选项卡；

❸单击"花椿"滤镜右下角的"添加到轨道"按钮➕，如图 2-82 所示。

　　然后在时间线面板中调整"花椿"滤镜的时长，使其对齐视频的时长，并设置滤镜的"强度"参数为 80，让滤镜效果更加自然，如图 2-83 所示。

图2-82

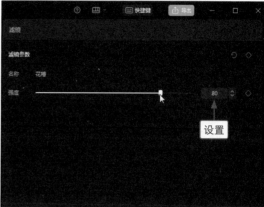

图2-83

第 3 章　新增：
曲线和色轮调色

　　剪映作为一款视频剪辑软件，在调色后期上也越来越精细化和专业化，因此更新了曲线和色轮调色。曲线，在很多手机版修图软件中也有，不过也是极少部分的，比如 Lightroom App 就有这项功能。色轮，只有在专业化的修图软件中才有配置，比如达芬奇等软件。所以，用剪映调色，用户可以有更多的选择。

3.1 使用曲线来调色

相较于 HSL 工具，曲线可以让用户分别调节亮度、红色、绿色和蓝色曲线，因此有更多的操作空间，而且更方便。

3.1.1 调整亮度曲线

效果对比 亮度曲线和"亮度"参数不同，调节"亮度"参数是改变画面的整体亮度，亮度曲线则可以分别调整暗部至亮部的亮度值，比如单独调整最亮区域的亮度，或者最暗位置的亮度，这样就能精细化地调整画面曝光。效果对比如图 3-1 所示。

图3-1

1. 用剪映电脑版制作

剪映电脑版的操作方法如下。

步骤 01 导入视频后，单击视频右下角的"添加到轨道"按钮 ，如图 3-2 所示。

步骤 02 把视频添加到视频轨道中，并拖曳时间指示器至中间位置，如图 3-3 所示。

图3-2

图3-3

步骤 03 ❶单击"调节"按钮；❷切换至"曲线"选项卡；❸单击"吸管"按钮 ✐；❹在画面中取样出现最多的颜色，如图 3-4 所示。

图3-4

步骤 04 在左下方的暗部区域单击"添加点"按钮，添加一个控制点，如图 3-5 所示。

图3-5

　　曲线中的格子区域可以看成由四个直方图组成，从左至右划分就是黑色、阴影、高光和白色，也可以看作暗部、中部和明部。

　　曲线呈对角线分布，一般向上拖曳就是加色，向下就是减色。比如，亮度曲线向上拖曳控制点就是增加亮度，向下拖曳控制点就是降低亮度。

步骤 05 在中间区域也添加一个控制点，并拖曳 3 个控制点至相应的位置，改变画面暗部、中部和明部的亮度，提高曝光，如图 3-6 所示。

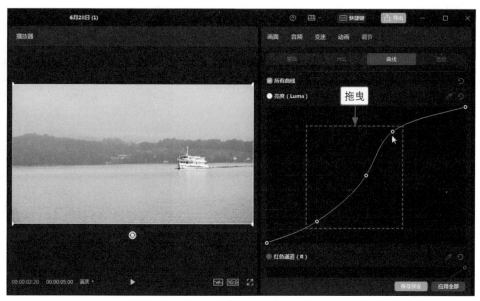

图3-6

2. 用剪映手机版制作

剪映手机版的操作方法如下。

步骤 01 导入视频，❶选择视频；❷点击"调节"按钮，如图 3-7 所示。

步骤 02 在弹出的"调节"选项卡中选择"曲线"选项，如图 3-8 所示。

步骤 03 在亮度曲线面板中拖曳 3 个控制点至相应的位置，调整画面曝光，如图 3-9 所示。手机版曲线工具与电脑版不同，手机版暂时没有吸管工具，因此效果会有些许差异。不过，调整每个控制点的位置，底部会出现每个控制点的相应横纵坐标，这样就能实现精细调节。

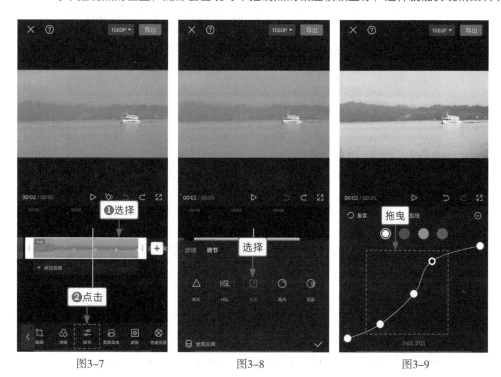

图3-7   图3-8   图3-9

3.1.2 调整红色曲线

效果对比 红色通道中的红色曲线主要控制画面中的红色和青色占比，在第 1 章我们了解到了红色和青色互为互补色，因此控制红色曲线就可以调整红色和青色，使画面偏红或者偏青。效果对比如图 3-10 所示。

图3-10

1. 用剪映电脑版制作

剪映电脑版的操作方法如下。

步骤 01 把视频添加到视频轨道中，❶在轨道中间左右的位置单击"调节"按钮，切换至"曲线"选项卡；❷鼠标下滑，在"红色通道"面板中向上拖曳红色曲线至一定的位置，画面会变成偏红色，如图 3-11 所示。

步骤 02 向下拖曳红色曲线至一定的位置，画面会变成偏青色，这时的烟花和背景就有强烈的冷暖对比感，如图 3-12 所示。

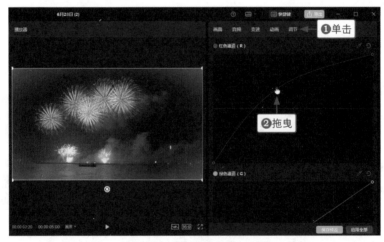

图3-11

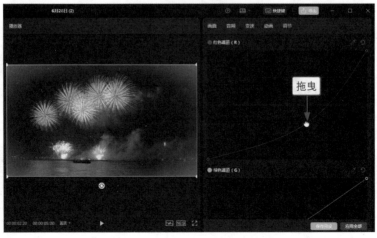

图3-12

2. 用剪映手机版制作

剪映手机版的操作方法如下。

步骤 01 导入视频，选择视频并点击"调节"按钮，在弹出的"调节"选项卡中选择"曲线"选项，如图 3-13 所示。

步骤 02 ❶选择红色曲线选项 ⬤；❷向上拖曳红色曲线，画面变红，如图 3-14 所示。

步骤 03 向下拖曳红色曲线，画面偏青色，如图 3-15 所示。

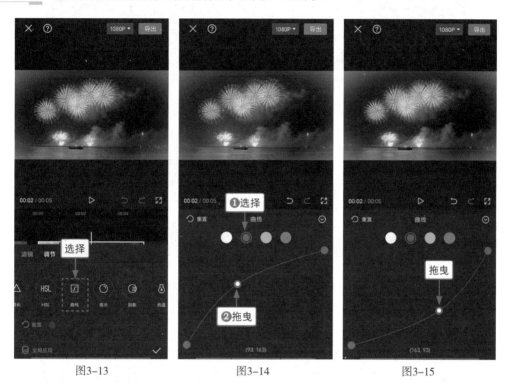

图3-13　　　　　　　　　图3-14　　　　　　　　　图3-15

3.1.3　调整绿色曲线

效果对比 绿色通道中的绿色曲线主要控制画面中的绿色和洋红色占比，在第 1 章我们了解到了绿色和洋红色互为互补色，因此控制绿色曲线就可以调整绿色和洋红色，使画面偏绿或者偏洋红。效果对比如图 3-16 所示。

图3-16

1. 用剪映电脑版制作

剪映电脑版的操作方法如下。

步骤 01　把视频添加到视频轨道中，❶在轨道中间左右的位置单击"调节"按钮，切换至"曲线"选项卡；❷鼠标下滑，在"绿色通道"面板中向上拖曳绿色曲线至一定的位置，画面暗部的叶子会变得更加绿，花朵也带点淡绿色；❸单击"重置"按钮 ⟳，如图 3-17 所示，

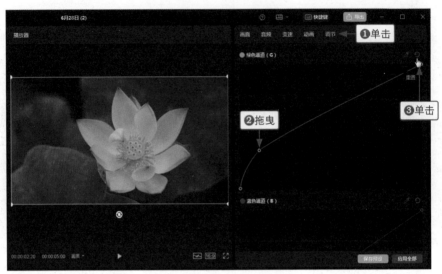

图3-17

步骤 02　重置曲线之后，向下拖曳绿色曲线至一定的位置，处于明部的花朵偏洋红色，叶子颜色也变得更暗了，从而突出花朵的色彩，如图 3-18 所示。

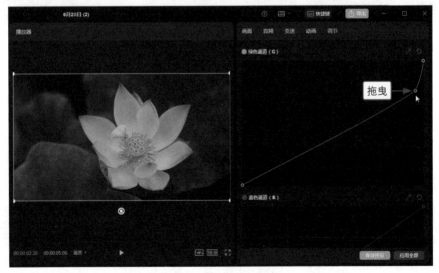

图3-18

2. 用剪映手机版制作

剪映手机版的操作方法如下。

步骤 01　导入并选择视频，点击"调节"按钮，选择"曲线"选项，如图 3-19 所示。

步骤 02　❶选择绿色曲线选项◯；❷向上拖曳绿色曲线，画面变绿；❸点击"重置"按钮，如图 3-20 所示。

步骤 03　向下拖曳绿色曲线，花朵变得偏粉色，如图 3-21 所示。

图3-19　　　　　　　图3-20　　　　　　　图3-21

3.1.4　调整蓝色曲线

效果对比　蓝色通道中的蓝色曲线主要控制画面中的蓝色和黄色占比，在第 1 章我们了解到了蓝色和黄色互为互补色，因此控制蓝色曲线就可以调整蓝色和黄色，使画面偏蓝或者偏黄。效果对比如图 3-22 所示。

1. 用剪映电脑版制作

剪映电脑版的操作方法如下。

步骤 01　把视频添加到视频轨道中，❶在轨道中间左右的位置单击"调节"按钮，切换至"曲线"选项卡；❷鼠标下滑，在"蓝色通道"面板中向上拖曳蓝色曲线至一定的位置，画面中的明亮部分会偏蓝色，画面整体就是蓝紫色，如图 3-23 所示。

步骤 02　向下拖曳蓝色曲线至一定的位置，画面会变成偏黄色，夕阳也变成偏橙黄色，如图 3-24 所示。

图3-22

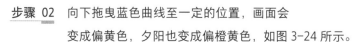

图3-23　　　　　　　　　　　　　　　　　　　图3-24

2. 用剪映手机版制作

剪映手机版的操作方法如下。

步骤 01　导入并选择视频，点击"调节"按钮，选择"曲线"选项，如图 3-25 所示。

步骤 02　❶选择蓝色曲线选项◯；❷向上拖曳蓝色曲线，画面偏蓝紫色，如图 3-26 所示。

步骤 03　向下拖曳蓝色曲线，画面偏橙黄色，如图 3-27 所示。

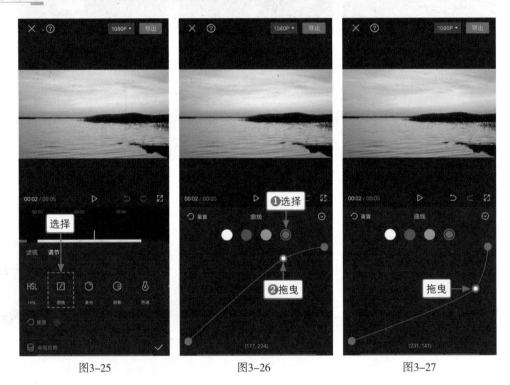

图3-25　　　　　　　　　　图3-26　　　　　　　　　　图3-27

3.2　色轮知识与案例

剪映中的色轮有一级色轮和 Log 色轮，在这两个模式下都有 4 个色轮，通过调节色轮上的饱和度、亮度和色倾参数就能实现精细化调色。目前只有电脑版剪映有色轮工具，后续在手机版剪映中应该也会增加。

3.2.1 认识一级色轮与 Log 色轮

在剪映电脑版中打开色轮的操作方法如下。

步骤 01 ❶单击"调节"按钮; ❷切换至"色轮"选项卡; ❸可以看到在"一级色轮"面板中显示有"暗部""中灰""亮部"和"偏移"4 个色轮，如图 3-28 所示。

步骤 02 ❶单击下拉 按钮; ❷选择 Log 色轮; ❸可以看到在"Log 色轮"面板中显示有"阴影""中间调""高光"和"偏移"4 个色轮，如图 3-29 所示。

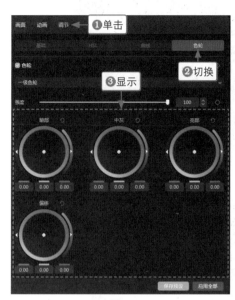

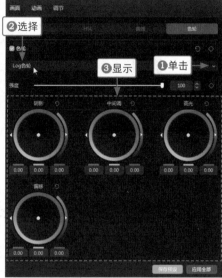

图3-28　　　　　　　　　　　图3-29

在"色轮"选项卡中还有"强度"参数，通过调节"强度"参数，可以控制色轮的整体色彩变化; 在"强度"参数的右边还有关键帧，这可以让色彩变化呈现出一个动态效果。以"暗部"色轮为例，可以看到底部有红、绿、蓝三色的参数，通过调整底部的参数就可以调整"色倾"参数，中间的白点就是"色倾"，左右两边的小三角形白点就是"饱和度"和"亮度"。

拖曳"色倾"向不同的颜色偏移，就能让画面色彩偏色; 向上拖曳"饱和度"就可以提亮色彩饱和，向下拖曳则相反; 向上拖曳"亮度"就可以提亮画面，增加曝光，向下拖曳则相反。

3.2.2 在一级色轮下调色

效果对比 在"一级色轮"面板中可以调节"暗部""中灰""亮部"和"偏移"4 个色轮中的参数，让灰暗的场景视频变得更有古风古韵。效果对比如图 3-30 所示。

剪映电脑版的操作方法如下。

步骤 01 添加视频后，❶在"一级色轮"面板中设置"强度"参数为 70，让调整更加均衡; ❷在"暗部"色轮中向上拖曳"饱

图3-30

和度"参数至 0.7 左右，提亮暗部，如图 3-31 所示。

步骤 02 向上拖曳"亮度"参数至 0.05 左右，提亮暗部的曝光，如图 3-32 所示。

步骤 03 设置"中灰"色轮的"饱和度"参数至 0.4 左右、"亮度"参数至 0.03 左右，让中灰部区
域的色彩和曝光更加明亮，如图 3-33 所示。

图3-31

图3-32

图3-33

步骤 04 设置"亮部"色轮的"饱和度"参数至 1、"亮度"参数至 0.07 左右，让亮部区域更加明艳一些，如图 3-34 所示。

图3-34

步骤 05 设置"偏移"色轮底下的参数为 -0.05、-0.02 和 0.01，让画面偏红一点点，顺带让天空也蓝一些，这样就能让场景和人物的衣服色彩更加自然，如图 3-35 所示。

图3-35

3.2.3 在 Log 色轮下调色

效果对比 在"Log 色轮"面板中有"阴影""中间调""高光"和"偏移"4 个色轮，影响范围比"一级色轮"要小一些，调出来的色彩比较柔和。效果对比如图 3-36 所示。

剪映电脑版的操作方法如下。

步骤 01 导入视频后，单击视频右下角的"添加到轨道"按钮 ，如图 3-37 所示。

图3-36

步骤 02 把视频添加到视频轨道中，如图 3-38 所示。

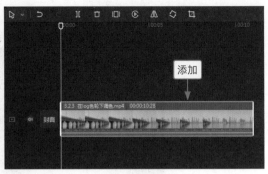

图3-37   图3-38

步骤 03 ❶在"色轮"选项卡中切换至"Log 色轮"面板；❷在"阴影"色轮中向上拖曳"亮度"参数至 0.3 左右，提升阴影位置的曝光，如图 3-39 所示。

图3-39

步骤 04 设置"中间调"色轮的"饱和度"参数至 0.9 左右、"亮度"参数至 0.09 左右，让中间调的色彩偏亮一些，部分参数如图 3-40 所示。

图3-40

步骤 **05** 设置"高光"色轮的"饱和度"参数至 0.3 左右、"亮度"参数至 0.08 左右，让高光区域
更加亮一些，部分参数如图 3-41 所示。

图3-41

步骤 **06** 设置"偏移"色轮底下的参数为 -0.07、0.01 和 0.10，让画面偏蓝一些，突出天空的色彩，
如图 3-42 所示。

图3-42

　　由于色轮中的"饱和度"和"亮度"参数都精确到了小数点的后三位数，然而在实际拖曳鼠标调整参
数的过程中，很难每次都精准一致，因此，截图中的精确参数仅供参考。在教学视频中，一般以小数点后
两位左右的参数为准，当然，效果都不会有大的差异。

课后实训　调整蓝色曲线

效果对比　画面偏蓝的视频可以通过调整蓝色曲线调色，让画面变蓝些。效果对比如图 3-43 所示。

图3-43

本案例制作主要步骤如下：

将视频添加到视频轨道中，❶在操作区中单击"调节"按钮，切换至"曲线"选项卡；❷鼠标下滑，在"蓝色通道"面板中向上拖曳蓝色曲线至一定的位置，画面整体会偏蓝色，如图 3-44 所示。

图3-44

第 4 章　高级：
巧用蒙版、关键帧调色

运用蒙版和关键帧调色，这是一种高级玩法，运用其功能可以让调色"动"起来、"活"起来。本章主要带大家学习怎么运用蒙版和关键帧制作划屏对比、季节变换、分层调色和蒙版 Vlog 视频，带领大家走入一个不一样的调色领域。

4.1 蒙版、关键帧调色的原理

运用蒙版和关键帧调色，能够制作出各种色彩渐变的效果，在调色之前，首先要认识和了解蒙版、关键帧调色的原理。

4.1.1 认识蒙版

蒙版，在字面上的意思是"蒙在外面的板子"，从"板子"二字上理解，就知道有遮挡和保护的作用，在剪映中的蒙版也是起着遮罩的作用，下面带大家认识蒙版。

图4-1

步骤 01 ❶在电脑版剪映中切换至"蒙版"选项卡；❷弹出相应的界面，展示了6种蒙版选项，主要是线性、镜面、圆形、矩形、爱心和星形，如图 4-1 所示。不同形状的蒙版，遮盖的范围和形状也各有所异。

步骤 02 ❶选择"圆形"蒙版；❷调整蒙版的大小和位置；❸长按 ⌃ 按钮并向上拖曳；❹设置"羽化"参数为6，让画面边缘变得虚化，从而突出圆形蒙版圈出来的主体，如图 4-2 所示。同理，选择其他蒙版选项也是类似的调整方法，手机版剪映中的蒙版也是相同的。

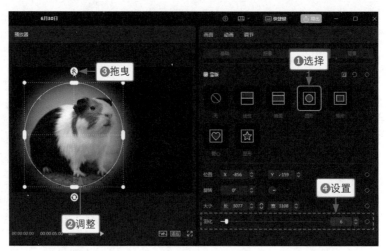

图4-2

4.1.2 认识关键帧

关键帧可以理解为运动的起始点或者转折点，通常一个动画最少需要两个关键帧才能完成，运用剪映中的关键帧功能可以把图片制作成视频。

1. 用剪映电脑版制作

剪映电脑版的操作方法如下。

步骤 01 导入素材后，单击视频右下角的"添加到轨道"按钮，如图 4-3 所示。

步骤 02 把素材添加到视频轨道中，并设置素材的时长为 12s，如图 4-4 所示。

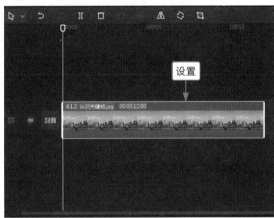

图4-3　　　　　　　　　　　　　图4-4

步骤 03 ❶设置画面比例为 16 : 9；❷放大素材填充画面并调整其位置，使画面最左边位置为视频的起始位置；❸单击"位置"右侧的◇按钮，添加关键帧◆，如图 4-5 所示。

步骤 04 拖曳时间指示器至视频末尾位置，并调整素材的位置，使画面最右边位置为视频的末尾位置，"位置"右侧会自动添加关键帧◆，如图 4-6 所示，最后添加合适的背景音乐。

图4-5

图4-6

2. 用剪映手机版制作

剪映手机版的操作方法如下。

步骤 01 导入素材，设置时长为 12s，设置画面比例为 16:9，如图 4-7 所示。

步骤 02 ❶在起始位置点击 ◇ 按钮添加关键帧；❷放大素材填充画面并调整其位置，使画面最左边位置为视频的起始位置，如图 4-8 所示。

步骤 03 ❶拖曳时间轴至视频末尾位置；❷调整素材的位置，使画面最右边位置为视频的末尾位置，如图 4-9 所示，最后添加合适的背景音乐。

图4-7

图4-8

图4-9

4.2 实战调色案例教学

蒙版和关键帧虽然不能直接改变画面的色彩参数，但可以间接改变画面色彩，本节主要介绍如何运用蒙版和关键帧功能制作各类调色视频。

4.2.1 划屏对比：《色彩反差》

效果对比 运用蒙版和关键帧功能，就能做出划屏对比视频，制作色彩反差的对照视频，效果实用性非常强。效果对比如图 4-10 所示。

图4-10

1. 用剪映电脑版制作

剪映电脑版的操作方法如下。

步骤 01 添加视频到视频轨道中之后，❶单击"滤镜"按钮；❷切换至"影视级"选项卡；❸单击"青橙"滤镜右下角的"添加到轨道"按钮，如图 4-11 所示。

步骤 02 调整"青橙"滤镜的时长，使其对齐视频的时长，如图 4-12 所示，之后导出视频。

图4-11

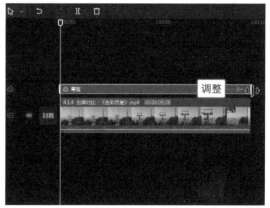

图4-12

步骤 03 把导出的视频再次导入，单击其右下角的"添加到轨道"按钮，如图 4-13 所示。

步骤 04 把视频添加到视频轨道中，拖曳原始素材至画中画轨道中，如图 4-14 所示。

图4-13　　　　　　　　　　　　　图4-14

步骤 05 ❶切换至"蒙版"选项卡; ❷选择"线性"蒙版; ❸旋转蒙版线的角度，使其为 90 度，并调整其位置，使其处于画面最左边; ❹单击"位置"右侧的◇按钮，添加关键帧◆，如图 4-15 所示。

图4-15

步骤 06 拖曳时间指示器至视频 7s 左右的位置，调整蒙版线的位置，使其处于画面的最右边，这样视频就能从左至右实现滑屏对比的效果，如图 4-16 所示。

图4-16

➢ 在"蒙版"面板中单击"反转"▣按钮，即可翻转蒙版线。
➢ 在"蒙版"面板中单击"重置"◙按钮，即可重置所有的蒙版参数设置。
➢ 设置"位置""旋转"和"羽化"参数，即可自由调整蒙版的位置、旋转角度和边缘羽化，比手动调整要精确一些。

2. 用剪映手机版制作

剪映手机版的操作方法如下。

步骤 01 导入两段一样的视频，❶选择第 1 段视频; ❷点击"切画中画"按钮，如图 4-17 所示。

步骤 02 ❶选择视频轨道中的视频; ❷点击"滤镜"按钮，如图 4-18 所示。

步骤 03 ❶在"影视级"选项区中选择"青橙"滤镜; ❷设置参数为 100，如图 4-19 所示。

图4-17　　　　　　　　　图4-18　　　　　　　　　图4-19

步骤 04 ❶选择画中画轨道中的视频；❷在起始位置点击◇按钮添加关键帧；❸点击"蒙版"按钮，如图 4-20 所示。

步骤 05 ❶选择"线性"蒙版；❷调整蒙版线的角度和位置，使其旋转 90 度并处于画面最左边，如图 4-21 所示。

步骤 06 ❶拖曳时间轴至视频 7s 左右的位置；❷调整蒙版线的位置，使其处于画面最右边，这样就能实现滑屏对比的效果，如图 4-22 所示。

图4-20　　　　　　　　　图4-21　　　　　　　　　图4-22

4.2.2　季节变换：《夏季变秋季》

效果对比　剪映中的"月升之国"滤镜可以营造出秋天的氛围，后期通过"蒙版"和"关键帧"功能，就能把夏天渐变成秋天。效果对比如图 4-23 所示。

图4-23

1. 用剪映电脑版制作

剪映电脑版的操作方法如下。

步骤 01　添加视频到视频轨道中之后，❶单击"滤镜"按钮；❷切换至"影视级"选项卡；❸单击"月升之国"滤镜右下角的"添加到轨道"按钮，如图 4-24 所示。

步骤 02　调整"月升之国"滤镜的时长，使其对齐视频的时长，如图 4-25 所示，之后单击"导出"按钮导出这段秋天视频。

图4-24

图4-25

步骤 03　❶把导出的秋天视频再次导入"本地"选项卡中；❷单击原始视频右下角的"添加到轨道"按钮，如图 4-26 所示。

步骤 04　把视频添加到视频轨道中，拖曳秋天视频至画中画轨道中，如图 4-27 所示。

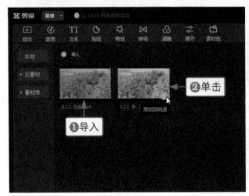

图4-26

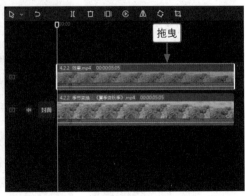

图4-27

步骤 05　❶切换至"蒙版"选项卡；❷选择"圆形"蒙版；❸调整蒙版的大小，设置其为"大小"参数中的"长"和"宽"都为1；❹单击"大小"右侧的 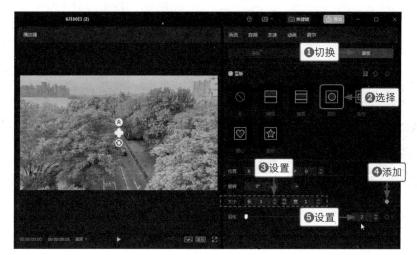 按钮，添加关键帧 ；❺设置"羽化"参数为2，让边缘过渡变得自然一些，如图4-28所示。

步骤 06　拖曳时间指示器至视频00:00:04:20的位置，调整蒙版的大小，使其为"大小"参数中的"长"和"宽"都为2211，这样就能把夏天变换成秋天，如图4-29所示。

图4-28

图4-29

2. 用剪映手机版制作

剪映手机版的操作方法如下。

步骤 01　导入两段一样的视频，❶选择第1段视频；❷点击"切画中画"按钮，如图4-30所示。

步骤 02　把素材切换至画中画轨道中，继续点击"滤镜"按钮，如图4-31所示。

步骤 03　❶在"影视级"选项区中选择"月升之国"滤镜；❷设置参数为100，如图4-32所示。

步骤 04　❶在起始位置点击 按钮添加关键帧；❷点击"蒙版"按钮，如图4-33所示。

步骤 05　❶选择"圆形"蒙版；❷调整蒙版的大小，使其为最小；❸向下拖曳 按钮微微羽化边缘，如图4-34所示。

步骤 06　❶拖曳时间轴至视频 4s 左右的位置；❷调整蒙版的大小，露出秋天视频的画面，这样就能实现夏天变换成秋天的效果，如图 4-35 所示。

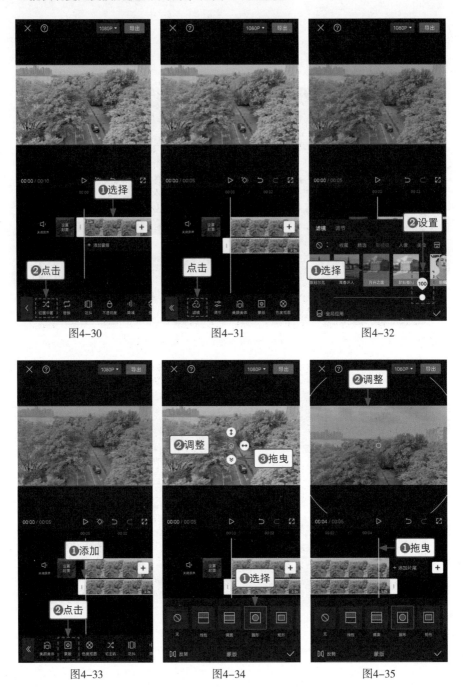

图4-30　　　　　　　　图4-31　　　　　　　　图4-32

图4-33　　　　　　　　图4-34　　　　　　　　图4-35

4.2.3　分层调色：《水墨荷花》

效果对比　分层调色的效果是让画面中的主体和背景展现出两种不同的色调，例如荷花是粉色的，背景是黑金色的，这样营造出一幅水墨荷花的景象。效果对比如图 4-36 所示。

1. 用剪映电脑版制作

剪映电脑版的操作方法如下。

步骤 01 添加视频到视频轨道中之后，❶单击"滤镜"按钮；❷切换至"黑白"选项卡；❸单击"黑金"滤镜右下角的"添加到轨道"按钮，如图 4-37 所示。

步骤 02 调整"黑金"滤镜的时长，使其对齐视频的时长，如图 4-38 所示，之后单击"导出"按钮导出这段黑色视频。

步骤 03 把导出的黑色视频再次导入"本地"选项卡中，并单击黑色视频右下角的"添加到轨道"按钮，如图 4-39 所示。

步骤 04 把视频添加到视频轨道中，拖曳原始视频至画中画轨道中，如图 4-40 所示。

图4-36

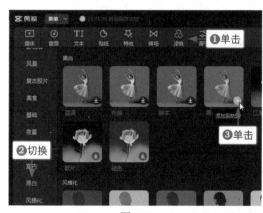

图4-37

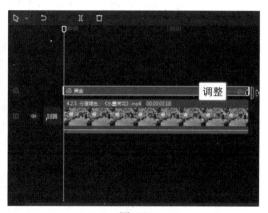

图4-38

图4-39

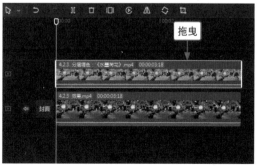

图4-40

步骤 05 ❶切换至"蒙版"选项卡；❷选择"圆形"蒙版；❸调整蒙版的大小和位置，设置其"位置"参数中的 X 为 -276、Y 为 155，"大小"参数中的"长"为 228、"宽"为 229，使其覆盖荷花，并设置"羽化"参数为 1；❹单击"位置"右侧的 ◆ 按钮，添加关键帧 ◆，如图 4-41 所示。

步骤 06 拖曳时间指示器至视频 00:00:00:21 的位置，调整蒙版的位置，使其始终覆盖荷花，如图 4-42 所示，其他位置也一样。

图4-41

图4-42

2. 用剪映手机版制作

剪映手机版的操作方法如下。

步骤 01 导入两段一样的视频，❶选择第 1 段视频；❷点击"切画中画"按钮，如图 4-43 所示。

步骤 02 把视频切换至画中画轨道中之后，❶选择视频轨道中的视频；❷点击"滤镜"按钮，如图 4-44 所示。

步骤 03 ❶在"黑白"选项区中选择"黑金"滤镜；❷设置参数为 100，如图 4-45 所示。

步骤 04 ❶选择画中画轨道中的视频；❷在起始位置点击◇按钮添加关键帧；❸点击"蒙版"按钮，如图 4-46 所示。

步骤 05 ❶选择"圆形"蒙版；❷调整蒙版的大小，使其覆盖荷花；❸向下拖曳 ❈ 按钮微微羽化边缘，如图 4-47 所示。

步骤 06 ❶拖曳时间轴至视频 1s 左右的位置；❷调整蒙版的位置，使其覆盖荷花，如图 4-48 所示，剩下的位置也是同样的设置。

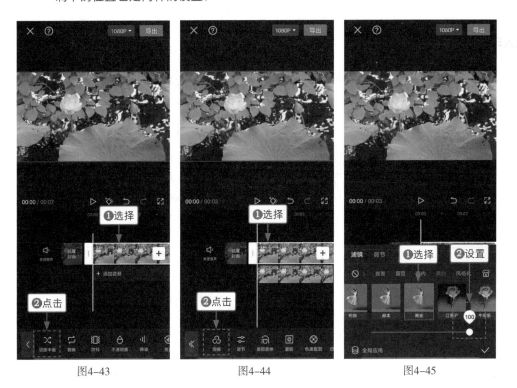

图4-43   图4-44   图4-45

> **温馨提示**
>
> 在调整蒙版的位置时，需要拖曳时间轴到画面变换的位置，然后调整蒙版，这样才能保持花朵的颜色始终为粉色，画面中不出现其他的色彩。

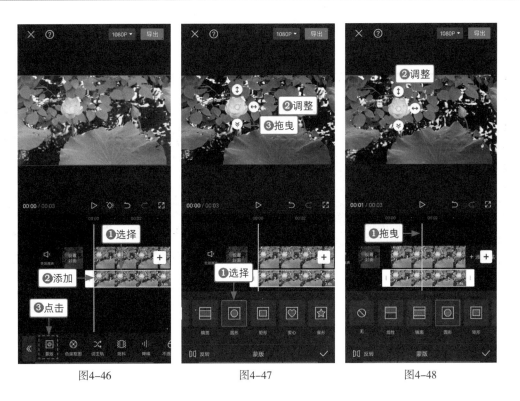

图4-46   图4-47   图4-48

4.2.4 蒙版 Vlog：《置身花海》

效果对比 运用"蒙版"功能可以制作黑色边框 Vlog 视频，再加上些文字，画面会更加有文艺感，也让人印象深刻。效果对比如图 4-49 所示。

图4-49

1. 用剪映电脑版制作

剪映电脑版的操作方法如下。

步骤 01 添加视频到视频轨道中之后，❶单击"滤镜"按钮；❷切换至"黑白"选项卡；❸单击"默片"滤镜右下角的"添加到轨道"按钮➕，如图 4-50 所示。

步骤 02 调整"默片"滤镜的时长，使其对齐视频的时长，如图 4-51 所示，导出视频。

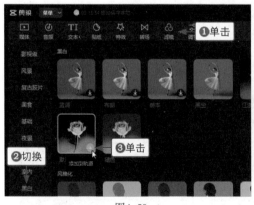

图4-50

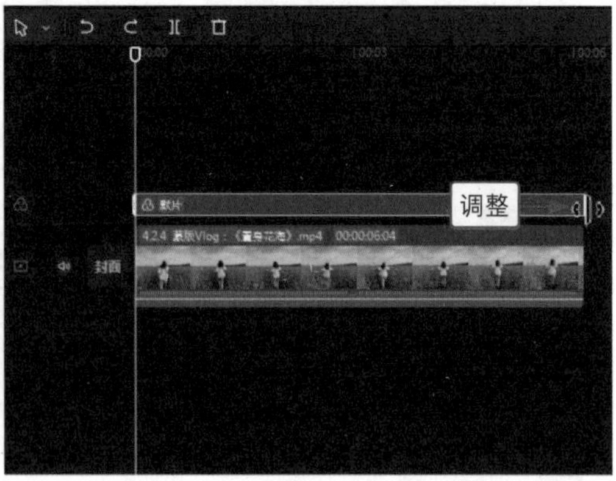

图4-51

步骤 03 把导出的黑色视频再次导入"本地"选项卡中，并单击黑色视频右下角的"添加到轨道"按钮➕，如图 4-52 所示。

步骤 04 把视频添加到视频轨道中，拖曳原始视频至画中画轨道中，如图 4-53 所示。

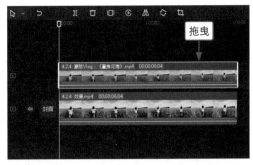

图4-52   图4-53

步骤 05 ❶单击"滤镜"按钮；❷切换至"风景"选项卡；❸单击"柠青"滤镜右下角的"添加到轨道"按钮 ➕，如图 4-54 所示。

步骤 06 调整"柠青"滤镜的时长，使其对齐视频的时长，如图 4-55 所示，这段滤镜效果作用在画中画轨道中的素材上。

图4-54   图4-55

步骤 07 ❶切换至"蒙版"选项卡；❷选择"矩形"蒙版；❸调整蒙版的大小，设置"大小"参数中的"长"为 1495、"宽"为 841，制作边框为黑色的效果，如图 4-56 所示。

图4-56

步骤 08　❶单击"文本"按钮；❷切换至"文字模板"选项卡；❸在"片头标题"选项区单击一款 Vlog 文字模板右下角的"添加到轨道"按钮 ，如图 4-57 所示。

步骤 09　在第一段文字的末尾，继续添加一段"片尾谢幕"文字模板，如图 4-58 所示。

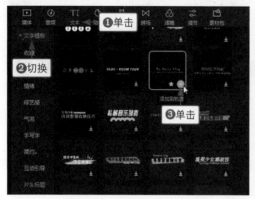

图4-57

图4-58

步骤 10　更改部分文字的内容和字体，并调整文字的大小和位置，如图 4-59 所示。

图4-59

2. 用剪映手机版制作

剪映手机版的操作方法如下。

步骤 01　导入两段视频，❶选择第 1 段视频；❷点击"切画中画"按钮，如图 4-60 所示。

步骤 02　选择视频轨道中的视频，点击"滤镜"按钮，❶在"黑白"选项区中选择"默片"滤镜；❷设置参数为 100，如图 4-61 所示。

步骤 03　为画中画轨道中的视频设置"柠青"风景滤镜，参数为 100，如图 4-62 所示。

步骤 04　添加滤镜之后，点击"蒙版"按钮，如图 4-63 所示。

步骤 05　❶选择"矩形"蒙版；❷调整蒙版的大小，如图 4-64 所示。

步骤 06　在起始处依次点击"文字"按钮和"文字模板"按钮，如图 4-65 所示。

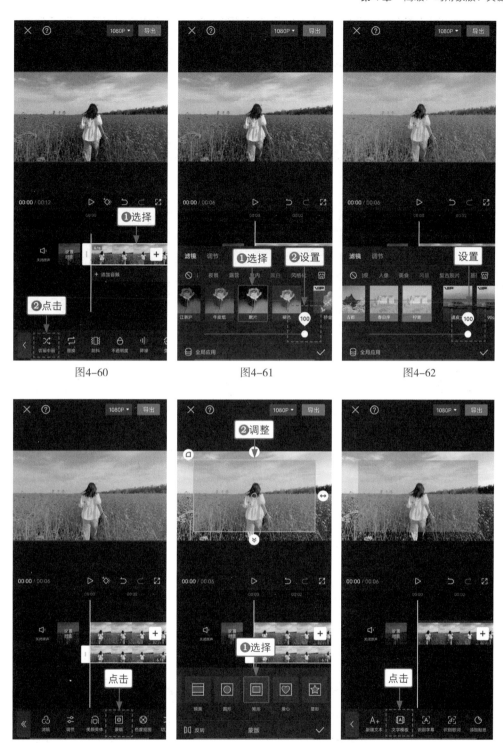

图4-60　　　　　　　　图4-61　　　　　　　　图4-62

图4-63　　　　　　　　图4-64　　　　　　　　图4-65

步骤 07　在"片头标题"选项区选择一款 Vlog 文字模板，如图 4-66 所示。

步骤 08　在 Vlog 文字模板的末尾继续添加一款"片尾谢幕"文字模板，如图 4-67 所示。

步骤 09　❶更改部分文字内容；❷选择字体；❸调整文字的大小和位置，如图 4-68 所示。

图4-66　　　　　　　　　　图4-67　　　　　　　　　　图4-68

课后实训　　让秋天变冬天

效果对比　　在剪映中除了可以制作夏季变秋季视频，还可以让秋天变成冬天。效果展示如图 4-69 所示。

本案例制作主要步骤如下：

首先将冬天视频添加到视频轨道中，拖曳秋天视频至画中画轨道中，❶在秋天视频的起始位置切换至"蒙版"选项卡；❷选择"线性"蒙版；❸调整蒙版线的角度和位置；❹单击"位置"右侧的◆按钮，添加关键帧◆，如图 4-70 所示。

然后在视频 5s 左右的位置，设置"位置"参数中的 X 为 990，调整蒙版线的位置，如图 4-71 所示。

图4-69

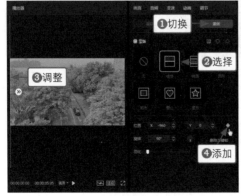

图4-70　　　　　　　　　　　　　　图4-71

第5章 特殊：
色卡与混合模式调色

色卡调色是一种比较特殊的调色技巧，这种调色方式比设置滤镜调色更加快捷方便。把各色色卡添加到视频中，再设置相应的混合模式，就能调出理想的色调。本章主要带大家学习怎么用色卡调出日落灯氛围色调和克莱因蓝色调，以及用色卡美白人像的肤色。

5.1 色卡与混合模式调色的原理

色卡作为一种颜色预设工具，用来调色是非常新颖的，因此这是不常见却又非常实用的一款调色工具。在剪映中运用色卡调色离不开设置混合模式，二者相辅相成，都是剪映实用调色的法宝。下面将带领大家认识色卡、制作色卡和运用混合模式进行调色。

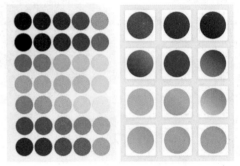

图5-1

5.1.1 认识色卡

一般对于色卡是这样解释的："色卡是自然界存在的颜色在某种材质上的体现，用于色彩选择、比对、沟通，是色彩实现在一定范围内统一标准的工具。"各种与颜色有关的行业，都会有专有的色卡模板。在调色类别中，色卡则是一款底色工具，用来快速调出其他色调。图 5-1 所示的是单色色卡和渐变色卡的模板。

24 色标准色卡中的色彩都是常见的色彩，主要有钛白、柠檬黄、土黄、橘黄、橘红、朱红、大红、酞青绿、浅绿、黄绿、粉绿、翠绿、草绿、天蓝、湖蓝、钴蓝、群青、酞青蓝、紫色、赭石、熟褐、生褐、肉色、黑色，如图 5-2 所示。

常用24色色谱

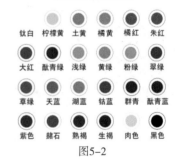

图5-2

5.1.2 制作色卡

只要是有颜色的照片，都可以生成色卡。为了调出想要的色调，必须学会制作色卡，运用醒图 App 则可以生成各色色卡。

下面介绍如何在醒图 App 中制作色卡。

步骤 01 在手机中打开醒图 App，进入醒图首页，在首页中点击"导入"按钮，如图 5-3 所示。

步骤 02 进入相应界面后，❶切换至"添加画布"选项卡；❷选择 16∶9 比例；❸选择淡紫色画布，如图 5-4 所示。

步骤 03 执行操作后进入"背景"面板，点击右上角的"下载"按钮⬇️导出色卡，如图 5-5 所示。

> ➤ 在"背景"面板中点击"吸管"按钮🖊️，即可吸取画面中的颜色，自由取色。
> ➤ 在"背景"面板中点击"颜色表"按钮🔘，即可扩大颜色选取的范围。
> ➤ 在"背景"面板中左右滑动底部的色块，可以获取更多的相邻色。
> ➤ 在"背景"面板底部，还可以设置比例。

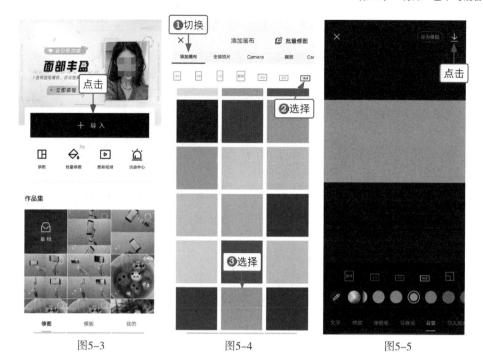

图5-3   图5-4   图5-5

5.1.3 设置混合模式

效果对比 在醒图 App 中制作完紫色色卡之后，就可以在剪映中添加色卡，然后设置相应的混合模式选项就能快速调色，让画面色调效果偏紫色，省去打光这个前期步骤，营造出别样的浪漫氛围。效果对比如图 5-6 所示。

图5-6

1. 用剪映电脑版制作

剪映电脑版的操作方法如下。

步骤 01 在剪映中将视频素材和色卡素材导入"本地"选项卡中，单击视频素材右下角的"添加到轨道"按钮，把视频素材添加到视频轨道中，如图 5-7 所示。

步骤 02 拖曳紫色色卡素材至画中画轨道中，使其起始和末端位置都对齐视频素材，如图 5-8 所示。

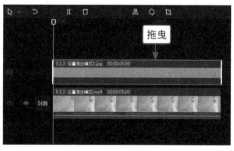

图5-7   图5-8

步骤 03 在 "混合模式" 列表框中选择 "柔光" 选项，营造出一种紫色浪漫的氛围，如图 5-9 所示。

图5-9

2. 用剪映手机版制作

剪映手机版的操作方法如下。

步骤 01 导入视频，依次点击 "画中画" 和 "新增画中画" 按钮，如图 5-10 所示。

步骤 02 添加紫色色卡照片素材之后，❶调整色卡素材的时长；❷调整其画面大小；❸点击 "混合模式" 按钮，如图 5-11 所示。

步骤 03 在弹出的面板中选择 "柔光" 选项，画面变成淡紫色，如图 5-12 所示。

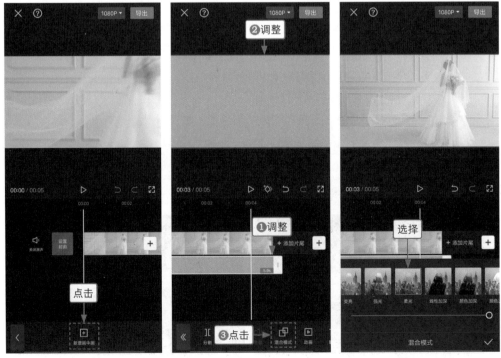

图5-10   图5-11   图5-12

5.2 实战调色案例教学

本节主要介绍如何用色卡调出日落灯氛围色调、克莱因蓝色调和进行肤色美白。不管是人像调色，还是风光调色，色卡调色不仅实用，还极具特色。

5.2.1 日落灯氛围：《温暖的一刻》

效果对比 套用日落灯色卡就可以制作日落灯色调，制作出日落灯打光拍摄的效果，这个色调适合画面留白较多，纯色背景的视频。效果对比如图5-13所示。

图5-13

1. 用剪映电脑版制作

剪映电脑版的操作方法如下。

步骤 01 在剪映中将视频素材和日落灯色卡素材导入"本地"选项卡中，单击视频素材右下角的"添加到轨道"按钮 ，把视频素材添加到视频轨道中，如图5-14所示。

步骤 02 ❶拖曳时间指示器至视频00:00:01:20的位置；❷拖曳色卡素材至画中画轨道中，并调整其时长，使其末端对齐视频素材的末尾位置，如图5-15所示。

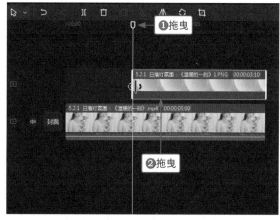

图5-14   图5-15

步骤 03 ❶设置"混合模式"为"正片叠底"模式；❷拖曳滑块，设置"缩放"参数为118%，使色卡铺满画面，营造出日落灯拍摄的效果，如图5-16所示。

步骤 04 ❶在起始位置单击"特效"按钮；❷在"基础"选项卡中单击"变清晰"特效右下角的"添加到轨道"按钮 ，如图 5-17 所示。

步骤 05 ❶拖曳时间指示器至视频00:00:01:20的位置；❷调整"变清晰"特效的时长，如图 5-18 所示。

图5-16

图5-17

图5-18

步骤 06 ❶在"变清晰"特效的末尾位置切换至"氛围"选项卡；❷添加"星火 II"特效，如图 5-19 所示。

步骤 07 调整"星火 II"特效的时长，使其末端对齐视频的末尾位置，如图 5-20 所示。

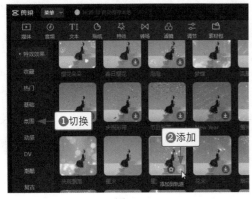

图5-19

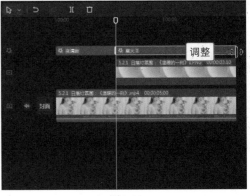

图5-20

2. 用剪映手机版制作

剪映手机版的操作方法如下。

步骤 01　在剪映添加视频素材和色卡素材，❶调整色卡素材的轨道位置；❷调整画面大小，并使其铺满屏幕；❸点击"混合模式"按钮，如图 5-21 所示。

步骤 02　在弹出的面板中选择"正片叠底"选项，营造日落灯的温暖氛围，如图 5-22 所示。

步骤 03　最后为视频添加"变清晰"特效和"星火Ⅱ"特效，如图 5-23 所示。

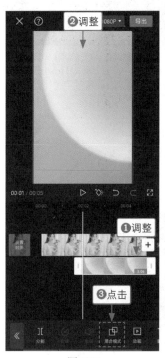
图5-21

图5-22

图5-23

5.2.2　克莱因蓝：《孤日与海》

效果对比　克莱因蓝是根据艺术家克莱因的名字而命名的蓝色，色调特点是极简和纯正，视觉冲击力非常强，很适合用在有大海的视频中。效果对比如图 5-24 所示。

1. 用剪映电脑版制作

剪映电脑版的操作方法如下。

步骤 01　在剪映中将视频素材和克莱因蓝色卡素材导入"本地"选项卡中，单击视频素材右下角的"添加到轨道"按钮，把视频素材添加到视频轨道中，如图 5-25 所示。

步骤 02　拖曳色卡素材至画中画轨道中，并调整时长，使其对齐视频素材，如图 5-26 所示。

图5-24

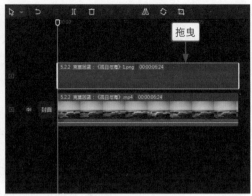

图5-25　　　　　　　　　　　　　　　　图5-26

步骤 03　❶设置"混合模式"为"正片叠底"模式；❷拖曳滑块，设置"缩放"参数为240%，使色卡铺满画面，让画面变成深蓝色，如图 5-27 所示。

步骤 04　❶单击"贴纸"按钮；❷搜索"落日"贴纸；❸单击所选贴纸右下角的"添加到轨道"按钮 ，如图 5-28 所示。

步骤 05　调整贴纸的时长，使其对齐视频的时长，如图 5-29 所示。

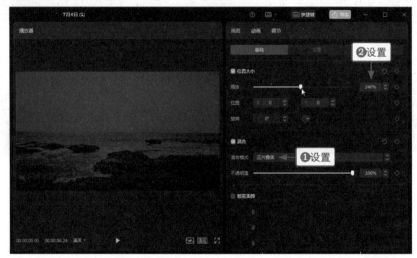

图5-27

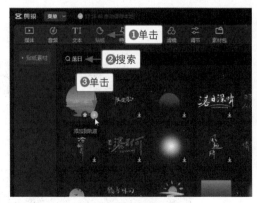

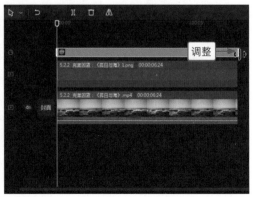

图5-28　　　　　　　　　　　　　　　　图5-29

步骤 06　在"播放器"面板中调整贴纸的大小，营造孤日落海的氛围感，如图 5-30 所示。

图5-30

2. 用剪映手机版制作

剪映手机版的操作方法如下。

步骤 01 在剪映添加视频素材和色卡素材，❶设置色卡素材的时长为 6.8s；❷调整画面大小，并使其铺满屏幕；❸点击"混合模式"按钮，如图 5-31 所示。

步骤 02 在弹出的面板中选择"正片叠底"选项，让画面变成深蓝色，如图 5-32 所示。

步骤 03 在起始位置依次点击"贴纸"按钮和"添加贴纸"按钮，搜索并添加"落日"贴纸，最后调整其大小，如图 5-33 所示。

图5-31

图5-32

图5-33

克莱因蓝色调适合用在本就带点蓝色的场景视频中，比如大海、蓝天等，其他类型的视频要看具体调出来的效果，有美感、有创意即可。

5.2.3　美白肤色：《楚楚少女》

效果对比　运用白色色卡调色，可以让人像的皮肤变成冷白皮，让暗沉的肤色变得白里透红，而且效果非常自然，不会假白，从而营造出清冷的氛围，让画面也变得简洁起来。效果对比如图 5-34 所示。

图5-34

1. 用剪映电脑版制作

剪映电脑版的操作方法如下。

步骤 01　在剪映中将视频素材和白色色卡素材导入"本地"选项卡中，单击视频素材右下角的"添加到轨道"按钮 ，把视频素材添加到视频轨道中，如图 5-35 所示。

步骤 02　拖曳白色色卡素材至画中画轨道中，并调整其时长，使其对齐视频素材的时长，如图 5-36 所示。

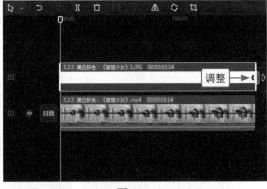

图5-35　　　　　　　　　　　　　　　图5-36

步骤 03　❶设置"混合模式"为"柔光"模式；❷拖曳滑块，设置"缩放"参数为 356%，使色卡铺满画面，让画面具有清新感，如图 5-37 所示。

步骤 04　选择视频轨道中的视频，❶单击"调节"按钮；❷拖曳滑块，设置"色温"参数为 -7、"饱和度"参数为 11、"对比度"参数为 5、"光感"参数为 3，增加画面色彩饱和，让画面整体更加和谐，图 5-38 所示。

　添加色卡之后进行二次调色，可以让画面达到理想的调色效果。

图5-37

图5-38

2. 用剪映手机版制作

剪映手机版的操作方法如下。

步骤 01 在剪映添加视频素材和色卡素材，❶设置色卡素材的时长为 3.5s；❷调整画面大小，使其铺满屏幕；❸点击"混合模式"按钮，如图 5-39 所示。

步骤 02 在弹出的面板中选择"柔光"选项，让人像的皮肤变白一些，如图 5-40 所示。

步骤 03 选择视频轨道中的视频，点击"调节"按钮，设置"色温"参数为 -7、"饱和度"参数为 11、"对比度"参数为 5、"光感"参数为 3，增加画面色彩饱和，让画面整体更加和谐，部分参数如图 5-41 所示。

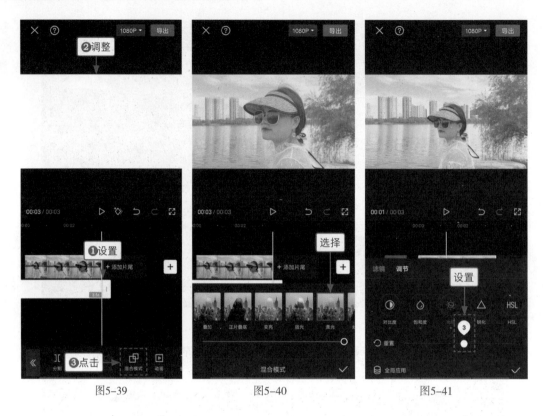

| 图5-39 | 图5-40 | 图5-41 |

课后实训　粉紫氛围：《旗袍韵味》

效果对比　通过添加粉紫色色卡，可以制作粉紫色氛围的视频，让旗袍视频更有韵味。效果展示如图 5-42 所示。

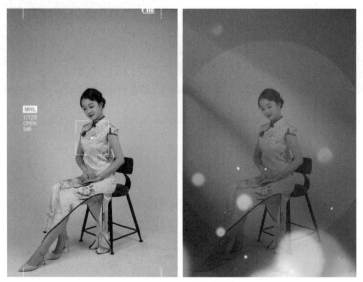

图5-42

本案例制作主要步骤如下：

首先❶将旗袍素材添加到视频轨道中；❷在视频 00:00:01:20 的位置拖曳粉紫色色卡素材至画中画轨

道中，并调整其时长，如图 5-43 所示。

然后❶在"基础"选项卡中设置"缩放"参数为 114%，放大色卡素材，使其铺满画面；❷设置"混合模式"为"正片叠底"模式，制作粉紫色氛围，如图 5-44 所示。

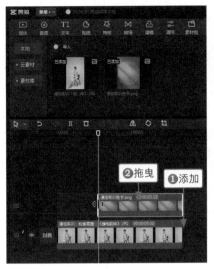

图5-43　　　　　　　　　　　　　　　　图5-44

最后❶为视频添加"变清晰"基础特效和"浪漫氛围 II"氛围特效，并调整各自的时长；❷再添加合适的背景音乐，如图 5-45 所示。

图5-45

第 6 章　个性：
怎么 DIY 自己的调色预设

　　在剪映中通过自建调色预设可以节约调色的时间，还可以自建有个人风格的调色模板，对于用户来说，方便又实用。本章主要介绍如何调出梦幻紫色调、哈苏清冷绿色调、治愈蓝色调和黑金色调，再通过创建预设保存色调。

6.1 我的预设是什么

预设在字面上的意思是指前提、先设和前设，也就是在某件事情发生之前的假设，在调色层面则是指提前设定好调色参数，作为一个套用的调色模板。在剪映中设置预设通常是指设置相关的调色参数，用户可以根据自己的调色喜好来设置相关参数。

6.1.1 认识预设

剪映中的预设在"我的预设"选项区中，如图 6-1 所示。其工作原理就是通过保存预设的不同设置组合，在之后的调色过程中能够快速获得视频调色效果。按照调好的调色参数设置预制选项后，就可以保存和使用，甚至可以在其他视频中重复使用。

图6-1

在剪映中单击"调节"按钮，在"基础""HSL""曲线"和"色轮"选项卡中设置相应的参数后，单击"保存预设"按钮即可设置预设，如图 6-2 ~ 图 6-5 所示。通常只要改变一个参数就可以设置预设了，但具体的参数还是要根据实际的视频画面来设置。

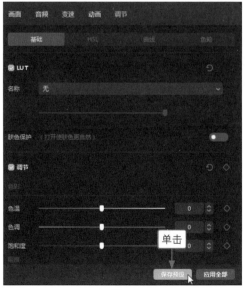

图6-2

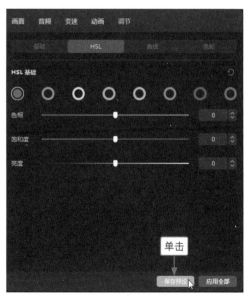

图6-3

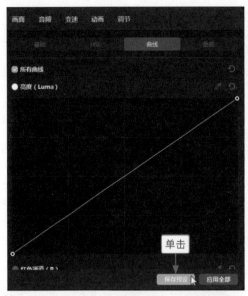
图6-4

图6-5

预设可以节约调色的时间，对于初学者来说，是一个非常方便和快捷的工具，学会预设调色，可以大大提高你的调色技能。目前预设只有在剪映电脑版中才有，手机版暂时没有更新相应的功能。

6.1.2 运用预设调色

效果对比 保存好的预设是不变的，但后期可以根据画面的需要编辑和调节相关参数，让画面色彩呈现出理想的效果。效果对比如图 6-6 所示。

图6-6

剪映电脑版的操作方法如下。

步骤 01 导入视频，单击视频素材右下角的"添加到轨道"按钮，如图 6-7 所示。

步骤 02 把视频素材添加到视频轨道中，如图 6-8 所示。

步骤 03 ①单击"调节"按钮；②切换至"我的预设"选项区；③单击"天空调色"预设右下角的"添加到轨道"按钮，如图 6-9 所示。

步骤 04 时间线面板中会生成一条"调节 1"轨道，调整其时长，如图 6-10 所示。

图6-7

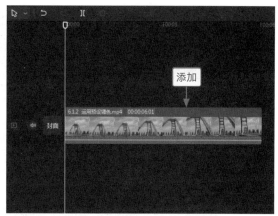

图6-8

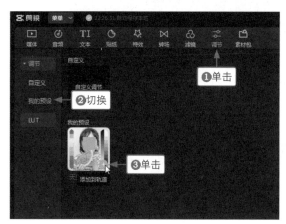

图6-9

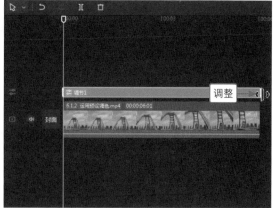

图6-10

步骤 05 在"调节"选项区中会显示"天空调色"预设相应的调节参数，如图 6-11 所示。

图6-11

步骤 06 ❶切换至"HSL"选项卡；❷设置红色⦿和橙色⦿选项的"饱和度"参数都为 100，把建筑的颜色调得更加鲜艳些，增加色彩对比，部分参数如图 6-12 所示。

图6-12

6.2 实战调色案例教学

在下面的调色案例中，在调色完成后可以自建调色预设，下次遇到类似场景时，就可以直接套用预设进行调色，节约调色的时间。由于功能限制，下面只有电脑版的操作案例。

6.2.1 梦幻紫色调：《薰衣草花海》

效果对比 原视频中的薰衣草饱和度并不高，后期通过调节相应的参数就能制作梦幻紫色调，让画面更美，下次遇到相似场景时，就能一键套用。效果对比如图 6-13 所示。

剪映电脑版的操作方法如下。

步骤 01 导入视频，单击视频素材右下角的"添加到轨道"按钮 +，如图 6-14 所示。

步骤 02 把视频素材添加到视频轨道中，如图 6-15 所示。

步骤 03 ❶单击"调节"按钮；❷切换至"色轮"选项卡，默认选择"Log 色轮"

图6-13

面板；❸在"阴影"色轮中设置"饱和度"参数为 0.3 左右、"亮度"参数为 0.21 左右，提升阴影位置的曝光和色彩饱和，部分参数如图 6-16 所示。

图6-14

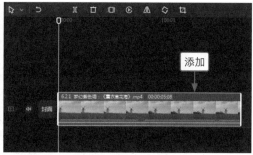
图6-15

图6-16

步骤 04 在"中间调"色轮中设置"饱和度"参数为 0.6 左右、"亮度"参数为 0.51 左右，提升中间光线位置的曝光和色彩饱和，部分参数如图 6-17 所示。

图6-17

步骤 05 ❶在"高光"色轮中设置"饱和度"参数为 0.3 左右、"亮度"参数为 0.19 左右，提升天空和明亮位置的曝光和色彩饱和；❷"偏移"色轮底下的参数为 0.00、0.00 和 0.03，让画面偏蓝紫色，部分参数如图 6-18 所示。

步骤 06 切换至"基础"选项卡，设置"亮度"参数为 6、"对比度"参数为 18、"高光"参数为 -49、"阴影"参数为 6、"光感"参数为 10、"锐化"参数为 5，整体提升画面曝光，调整画面明度，如图 6-19 所示。

图6-18

图6-19

步骤 07 设置"色温"参数为 -8、"色调"参数为 4、"饱和度"参数为 3，微微调整画面色彩，让画面更加亮丽，如图 6-20 所示。

图6-20

步骤 08　❶切换至"HSL"选项卡；❷选择紫色选项◯；❸设置"色相"参数为 –49、"饱和度"参数为 16，让薰衣草的颜色更加明显些，如图 6-21 所示。

图6-21

步骤 09　❶选择洋红色选项◯；❷设置"色相"参数为 –100、"饱和度"参数为 9、"亮度"参数为 46，让画面中的紫色更多，如图 6-22 所示。

步骤 10　切换至"曲线"选项卡，在"绿色通道"中向下微微拖曳绿色曲线，增加洋红色，让画面偏紫一些，如图 6-23 所示，调色结束后，单击"保存预设"按钮。

步骤 11　❶单击"调节"按钮，在"我的预设"选项区中即可看到刚才保存的"预设调色 1"；❷在"预设调色 1"中单击鼠标右键；❸在弹出的快捷菜单中选择"重命名"选项，如图 6-24 所示。

图6-22

步骤 12　❶在弹出的对话框中输入"梦幻紫色调"；❷单击"保存"按钮，如图 6-25 所示，这样下次遇到相似场景，就能一键套用预设。

步骤 13　❶单击"特效"按钮；❷切换至"氛围"选项卡；❸单击"星火炸开"特效右下角的"添加到轨道"按钮，如图 6-26 所示，为视频添加一款氛围特效。

步骤 14　调整"星火炸开"特效的位置，使其末端对齐视频的末尾位置，如图 6-27 所示。

图6-23

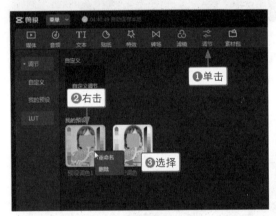

图6-24

图6-25

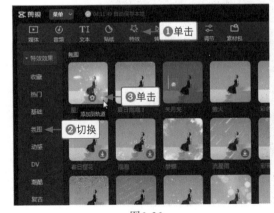

图6-26

图6-27

6.2.2　哈苏清冷绿:《小荷尖尖》

效果对比　哈苏清冷绿色调适合用在有绿色植物的视频中，这种清冷绿给人清凉之感，让画面中植物的气质提升一个档次。效果对比如图 6-28 所示。

剪映电脑版的操作方法如下。

步骤 01 导入视频，单击视频素材右下角的"添加到轨道"按钮➕，如图 6-29 所示。

步骤 02 把视频素材添加到视频轨道中，如图 6-30 所示。

步骤 03 ❶单击"调节"按钮；❷拖曳滑块，设置"亮度"参数为 -5、"对比度"参数为 -15、"高光"参数为 -25、"阴影"参数为 -10、"光感"参数为 30、"锐化"参数为 10，调整画面的白平衡，提亮画面清晰度，如图 6-31 所示。

步骤 04 设置"色温"参数为 -30、"色调"参数为 -20、"饱和度"参数为 -10，让画面偏冷色调，降低画面绿色的色彩饱和，如图 6-32 所示。

步骤 05 ❶切换至"HSL"选项卡；❷选择绿色选项◯；❸设置"色相"参数为 100、"饱和度"参数为 -40、"亮度"参数为 40，让绿色更加清透，如图 6-33 所示。

步骤 06 ❶选择蓝色选项◯；❷设置"色相"参数为 -100，减淡画面中蓝色的部分，使绿色更加明显，如图 6-34 所示。

步骤 07 切换至"曲线"选项卡，在"绿色通道"面板中向上微微拖曳绿色曲线，让绿色更多一些，如图 6-35 所示。

图6-28

图6-29

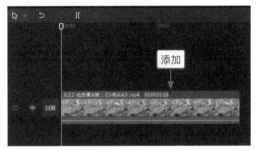

图6-30

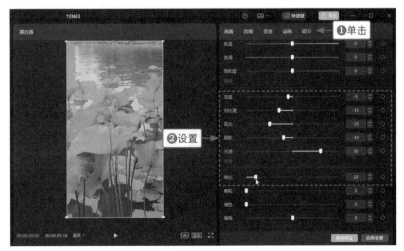

图6-31

步骤 08 在"蓝色通道"面板中向下微微拖曳蓝色曲线，让绿色更清冷，如图6-36所示，之后单击"保存预设"按钮。

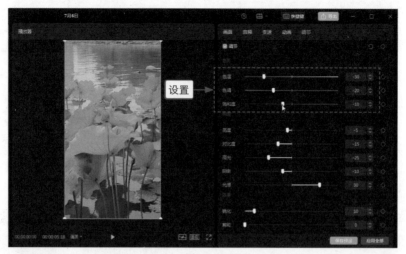

图6-32

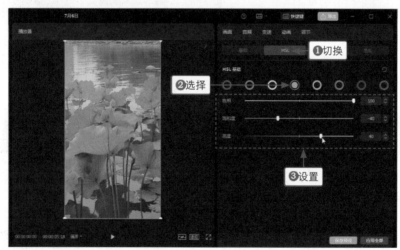

图6-33

图6-34

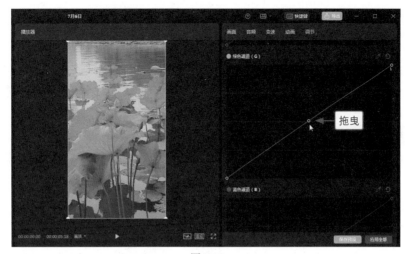

图6-35

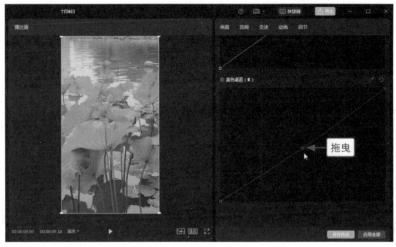

图6-36

步骤 09 ❶单击"调节"按钮; ❷在"预设调色 1"中单击鼠标右键; ❸在弹出的快捷菜单中选择"重命名"选项, 如图 6-37 所示。

步骤 10 ❶在弹出的对话框中输入"哈苏清冷绿"; ❷单击"保存"按钮, 如图 6-38 所示, 这样下次遇到相似场景, 就能一键套用预设。

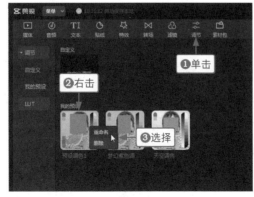

图6-37

图6-38

6.2.3 治愈蓝色调：《江河淼淼》

效果对比 蓝色能让人感受到平静和舒畅，这就是治愈蓝色调的效果，这种蓝色是偏冷的色调，画面清晰、纯粹。效果对比如图 6-39 所示。

剪映电脑版的操作方法如下。

步骤 01 在剪映电脑版中导入视频，单击视频素材右下角的"添加到轨道"按钮➕，如图 6-40 所示。

步骤 02 把视频素材添加到视频轨道中，如图 6-41 所示。

图6-39

步骤 03 ❶单击"调节"按钮；❷拖曳滑块，设置"亮度"参数为 -6、"对比度"参数为 4、"光感"参数为 4、"锐化"参数为 3，调整画面明度，降低画面曝光，微微提亮画面清晰度，如图 6-42 所示。

图6-40

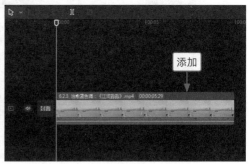

图6-41

图6-42

步骤 04 设置"色温"参数为 -8、"色调"参数为 -4、"饱和度"参数为 5，让画面偏冷色调，如图 6-43 所示。

步骤 05 ❶切换至"HSL"选项卡; ❷选择青色选项〇, ❸设置"饱和度"参数为41、"亮度"参数为−8, 让画面偏青蓝些, 如图 6-44 所示。

图6-43

图6-44

步骤 06 ❶选择蓝色选项〇; ❷设置"色相"参数为 6、"饱和度"参数为 12、"亮度"参数为 −59, 让蓝色更加明显, 如图 6-45 所示。

图6-45

步骤 07 ❶选择橙色选项⚪；❷设置"饱和度"参数为27，让橙色建筑的色彩更加明显，如图6-46所示。

图6-46

步骤 08 切换至"曲线"选项卡，在"蓝色通道"面板中向上微微拖曳蓝色曲线，让画面中的蓝色部分更明显些，如图6-47所示，之后单击"保存预设"按钮。

图6-47

步骤 09 ❶单击"调节"按钮；❷在"预设调色1"中单击鼠标右键；❸在弹出的快捷菜单中选择"重命名"选项，如图6-48所示。

步骤 10 ❶在弹出的对话框中输入"治愈蓝色调"；❷单击"保存"按钮，如图6-49所示，这样下次遇到相似场景，就能一键套用预设。

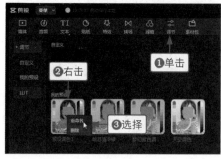 

图6-48   图6-49

步骤 11　❶单击"贴纸"按钮；❷搜索"手写字"贴纸；❸单击所选贴纸右下角的"添加到轨道"
　　　　按钮，如图 6-50 所示，为视频添加一款文字贴纸。

步骤 12　调整贴纸的位置，使其末端对齐视频的末尾位置，如图 6-51 所示。

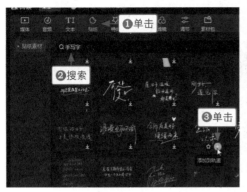

图6-50

图6-51

6.2.4　黑金色调：《城市车流》

效果对比　黑金色调主要以黑色和金色为主，金色
偏橙红一些，画面中其他的色彩很少，因此整体比较简
洁和大气，这个色调也多用于夜景视频中，画面中带点
红色、黄色或者橙色的视频也可以用。效果对比如图 6-52
所示。

剪映电脑版的操作方法如下。

步骤 01　导入视频，单击视频素材右下角的"添加
　　　　到轨道"按钮，如图 6-53 所示。

步骤 02　把视频素材添加到视频轨道中，如图 6-54
　　　　所示。

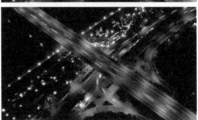

图6-52

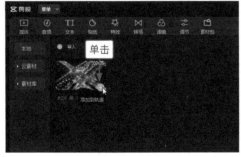

图6-53

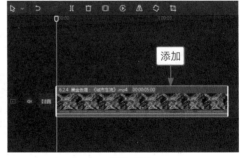

图6-54

步骤 03　❶单击"调节"按钮；❷拖曳滑块，设置"亮度"参数为 -7、"对比度"参数为 5、调
　　　　整画面明度，降低画面曝光，微微提高画面对比，如图 6-55 所示。

步骤 04　设置"色温"参数为 -9、"饱和度"参数为 -7，降低色温和色彩饱和，如图 6-56 所示。

步骤 05 ❶切换至 "HSL" 选项卡；❷选择橙色选项；❸设置 "色相" 参数为 −33、"饱和度" 参
数为 68，让橙红色更明显，部分参数如图 6-57 所示。

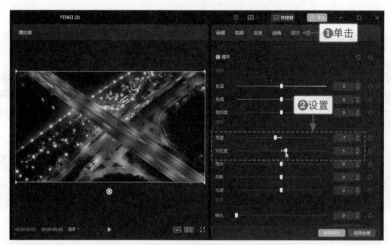

图6-55

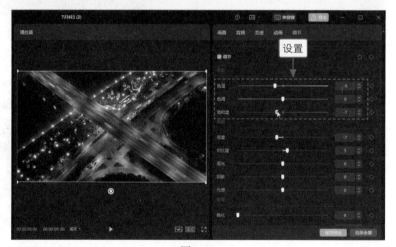

图6-56

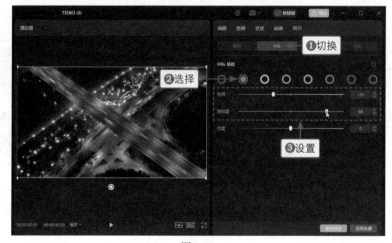

图6-57

步骤 06　❶切换至"曲线"选项卡；❷在"亮度"面板中向下拖曳亮度曲线的两个点，降低暗处和明处的画面曝光，让黑色更多些，如图 6-58 所示。

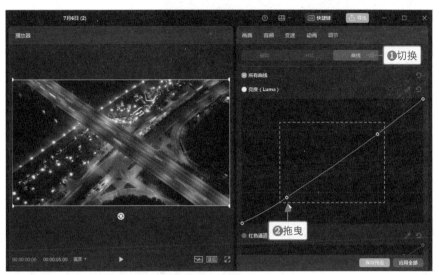

图6-58

步骤 07　在"红色通道"面板中拖曳红色曲线上的两个点，让明处的红色偏暗些，让暗处的红色偏亮些，如图 6-59 所示，之后单击"保存预设"按钮。

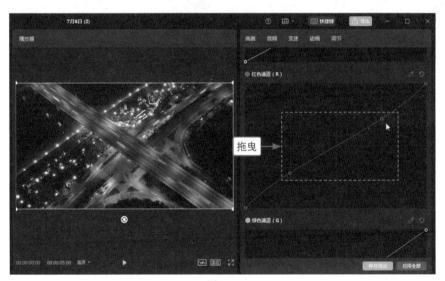

图6-59

步骤 08　❶单击"调节"按钮；❷在"预设调色 1"中单击鼠标右键；❸在弹出的快捷菜单中选择"重命名"选项，如图 6-60 所示。

步骤 09　❶在弹出的对话框中输入"黑金色调"；❷单击"保存"按钮，如图 6-61 所示，这样下次遇到相似场景，就能一键套用预设。

步骤 10　❶单击"滤镜"按钮；❷切换至"黑白"选项卡；❸单击"黑金"滤镜右下角的"添加到轨道"按钮，如图 6-62 所示，让黑金色调更明显。

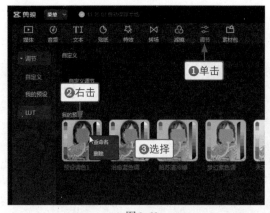

图6-60

图6-61

步骤 11 调整"黑金"滤镜的时长，使其末端对齐视频的末尾位置，如图 6-63 所示。

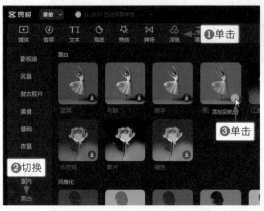

图6-62

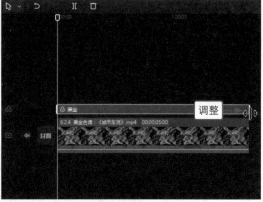

图6-63

课后实训 明亮色调：《港口风光》

效果对比 对港口风光视频进行调色，让画面变明亮，然后保存预设。效果对比如图 6-64 所示。

本案例制作主要步骤如下：

首先将视频素材添加到视频轨道中，❶在操作区中单击"调节"按钮，在"基础"选项卡中设置"亮度"参数为 6、"对比度"参数为 5、"高光"参数为 4、"光感"参数为 11、"色温"参数为 -10、"饱和度"参数为 5，调整画面的明度和色彩；❷切换至"HSL"选项卡；❸设置青色选项◯的"色相"参数为 10、"饱和度"参数为 14、"亮度"参数为 10，设置蓝色选项◯的"色相"参数为 -18、"饱和度"参数为 11、"亮度"参数为 -100；❹单击"保存预设"按钮，如图 6-65 所示。

图6-64

图6-65

❶然后在功能区中单击"调节"按钮；❷在"预设调色 1"中单击鼠标右键；❸在弹出的快捷菜单中选择"重命名"选项，如图 6-66 所示。

❶最后在弹出的对话框中输入"明亮色调"；❷单击"保存"按钮，如图 6-67 所示，这样下次遇到相似场景，就能一键套用预设。

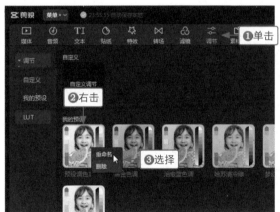

图6-66

图6-67

第 7 章　快速：
如何借用 LUT 工具调色

LUT 调色是剪映最新版本中的特色亮点，让视频的专业化调色有了更多选择。本章主要带大家认识 LUT 工具，介绍如何在剪映中导入和应用 LUT 工具，以及利用 LUT 渲染相应的色调，让你的调色过程更加快捷和方便。

7.1 认识 LUT 工具

LUT 工具看起来很复杂，其实和滤镜有部分相似点，它们都是调色的模板，但不同点在于滤镜是对画面的整体产生影响，如黄色的画面不可能通过添加滤镜而变绿，相反，LUT 工具是非常自由的，可以改变色相、明度和饱和度等参数。本节主要介绍 LUT 是什么以及 LUT 的格式。

如果我们规定：

当原始R值为0时，输出R值为5；

当原始R值为1时，输出R值为6；

当原始R值为2时，输出R值为8；

当原始R值为3时，输出R值为10；

……

一直到R值为255

当原始G值为0时，输出G值为10；

当原始G值为1时，输出G值为12；

当原始G值为2时，输出G值为13；

当原始G值为3时，输出G值为15；

……

一直到G值为255

当原始B值为0时，输出B值为0；

当原始B值为1时，输出B值为0；

当原始B值为2时，输出B值为1；

当原始B值为3时，输出B值为1；

……

一直到B值为255

7.1.1 LUT 是什么

LUT 是指显示查找表 (Look-Up-Table)，更简明易懂的说法就是：用户通过添加 LUT 后，可以将原始的 RGB 值输出为设定好的 RGB 值，从而改变画面的色相与明度，还可以用模型的方式来理解，如图 7-1 所示。

例如，输出之前的像素是 RGB(2,3,1)，设置 LUT 之后的输出值则是 RGB(8,15,0)。简而言之，LUT 工具就是帮助我们把原始 RGB 值转化为输出 RGB 值。

图7-1

如果还是觉得很深奥，可以把 LUT 工具看作一种预设或者滤镜，通过应用 LUT 就能渲染画面色彩。LUT 在照片和视频领域中应用广泛，就算是跨平台的 LUT，通过视频编辑软件或者修图软件打开后就可以通用。比如在剪映中添加 LUT，可以将其他平台中的 LUT 应用到视频中。应用 LUT 之后，视频画面变得更有电影感，如图 7-2 所示。

图7-2

7.1.2 LUT 的格式

目前 LUT 应用最多的主要有 3D LUT 和 1D LUT，不管哪种类型的 LUT，它们的主要作用就是校准、技术转换和制作创意。校准 LUT 主要用于修正显示器不准确的方面，从而确保显示器能够显示准确的图像；技术转换 LUT 主要是用在单反和摄像机中，用来还原色彩；制作创意 LUT 就是风格化调色，也就是和滤镜一样的作用。

1D LUT 映射 RGB 三个通道，也是在视频调色软件中比较常用的 LUT。

LUT 主要来源于厂商和部分商业性的网站，主要的格式有 3DL、cube、CSP、ICC 配置文件。通常在剪映中应用最多的 LUT 格式是 cube，当然由于设备的差异，格式表现会有所差异，目前剪映中也可以使用 3D LUT，其格式就是 3DL。

 在 LUTCalc 网站可以下载和调试技术转换类的 LUT。

7.2 如何添加 LUT

在部分调色网站中可以下载 LUT 文件，下载到电脑中后，就可以把 LUT 文件导入剪映中，之后就可以应用 LUT 工具调色了。

7.2.1 在剪映中导入 LUT 文件

在其他网站把 LUT 文件下载至电脑中后，需要导入至剪映软件中，这样才能应用 LUT 工具。目前也只有剪映电脑版才有 LUT 工具。

剪映电脑版的操作方法如下。

步骤 01 ❶在剪映中单击"调节"按钮；❷切换至"LUT"选项卡；❸单击"导入 LUT"按钮，如图 7-3 所示。

步骤 02 ❶在弹出的对话框中选择"lut"文件夹；❷单击"打开"按钮，如图 7-4 所示，打开该文件夹。

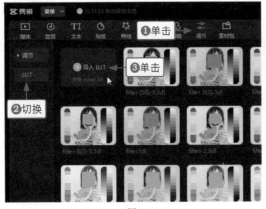 

图7-3   图7-4

步骤 03 ❶选择"7 个调色 LUT"文件夹；❷单击"打开"按钮，如图 7-5 所示。

步骤 04 ❶选择 "LUT 文件" 文件夹；❷单击 "打开" 按钮，如图 7-6 所示。

图7-5 图7-6

步骤 05 ❶选择 "3DL 格式" 文件夹；❷单击 "打开" 按钮，如图 7-7 所示。

步骤 06 ❶按【Ctrl + A】组合键全选文件夹中的所有 3dl 文件；❷单击 "打开" 按钮，如图 7-8 所示。

图7-7 图7-8

步骤 07 导入之后，弹出 "导入素材" 进度提示对话框，如图 7-9 所示。

步骤 08 导入完成后，即可在 LUT 选项卡中查看导入的 LUT 文件，如图 7-10 所示。

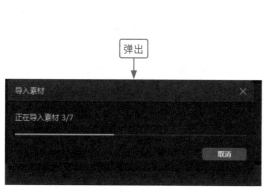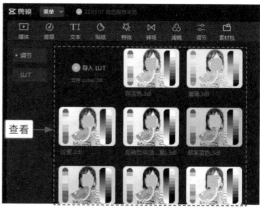

图7-9 图7-10

7.2.2 应用 LUT 工具进行调色

效果对比 多种多样的 LUT，能够快速渲染图像的色彩，帮助用户处理图像，提升图像的质感，让普通的视频表现出不一样的画面效果。效果对比如图 7-11 所示。

剪映电脑版的操作方法如下。

步骤 01 导入视频，单击视频素材右下角的"添加到轨道"按钮![+]，如图 7-12 所示。

步骤 02 把视频素材添加到视频轨道中，如图 7-13 所示。

图7-11

步骤 03 ❶单击"调节"按钮；❷切换至"LUT"选项卡；❸单击"阿宝色 .3dl"右下角的"添加到轨道"按钮![+]，如图 7-14 所示，应用 LUT。

步骤 04 生成一条"调节 1"轨道，调整时长，使其对齐视频的时长，如图 7-15 所示。

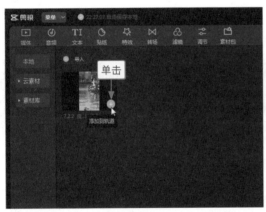

图7-12

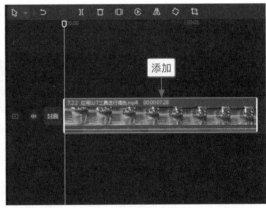

图7-13

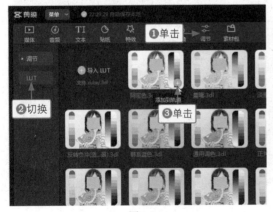

图7-14

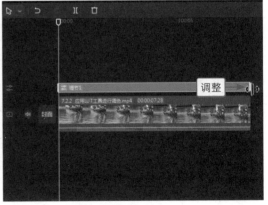

图7-15

步骤 05 设置"饱和度"参数为 5，调整 LUT 的饱和度，让色彩更加鲜艳，如图 7-16 所示。

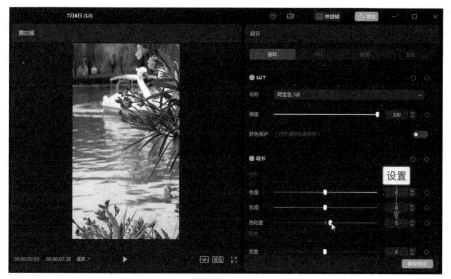

图7-16

7.3 实战调色案例教学

LUT 比滤镜更突出的优势在于，应用 LUT 之后，还可以调整 LUT 的色彩、明度和饱和度，从而达到理想的画面效果，下面将介绍调色案例。

7.3.1 清新 LUT：《斑驳树影》

效果对比 套用清新感十足的 LUT 可以让暗淡的树影叶子变得嫩绿，后期再调节相应的参数，瞬间提升清新感，让人心旷神怡。效果对比如图 7-17 所示。

图7-17

剪映电脑版的操作方法如下。

步骤 01 导入视频，单击视频素材右下角的"添加到轨道"按钮，如图 7-18 所示，把视频素材添加到视频轨道中。

步骤 02 ❶单击"调节"按钮；❷切换至"LUT"选项卡；❸单击所选 LUT 文件右下角的"添加到轨道"按钮，如图 7-19 所示，应用 LUT。

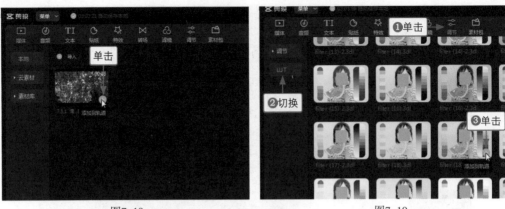

图7-18　　　　　　　　　　　　　图7-19

步骤 03 ❶切换至"调节"选项卡；❷单击"自定义调节"右下角的"添加到轨道"按钮➕，如图 7-20 所示，添加一条调节轨道。

步骤 04 调整两条调节轨道的时长，使其对齐视频的时长，如图 7-21 所示。

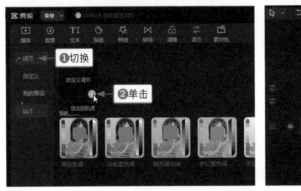

图7-20　　　　　　　　　　　　　图7-21

步骤 05 在"调节"选项区中设置"亮度"参数为 -9、"对比度"参数为 4、"阴影"参数为 6、"光感"参数为 -12，调整画面的明度和细节，如图 7-22 所示。

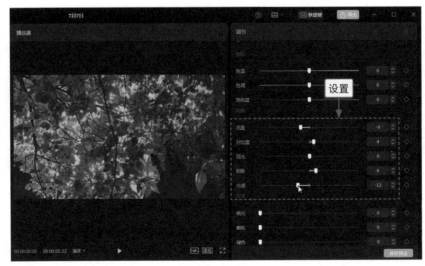

图7-22

步骤 06 设置"色调"参数为 −39，让叶子变绿些，提升清新感，如图 7-23 所示。

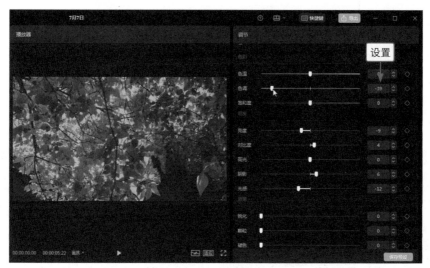

图7-23

7.3.2 胶片 LUT：《漫步老街》

效果对比 套用胶片质感的 LUT 可以快速让视频调出胶片色调，让画面具有复古感，这种色调一般偏青色或者黄色，老街则适合用偏青色的胶片色调。效果对比如图 7-24 所示。

图7-24

剪映电脑版的操作方法如下。

步骤 01 在剪映电脑版中导入视频，单击视频素材右下角的"添加到轨道"按钮，如图 7-25 所示。

步骤 02 把视频素材添加到视频轨道中，如图 7-26 所示。

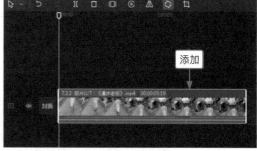

图7-25   图7-26

步骤 03　❶单击 "调节" 按钮；❷切换至 "LUT" 选项卡；❸单击 "胶片质感.3dl" 右下角的 "添加到轨道" 按钮 ，如图 7-27 所示，应用 LUT。

步骤 04　调整 "调节 1" 轨道的时长，使其对齐视频的时长，如图 7-28 所示。

步骤 05　❶切换至 "HSL" 选项卡；❷选择青色选项 ；❸设置 "色相" 参数为 10、"饱和度" 参数为 14，让画面中的青色更加明显，如图 7-29 所示。

步骤 06　切换至 "曲线" 选项卡，在 "红色通道" 面板中向下拖曳红色曲线，让画面偏青色，如图 7-30 所示。

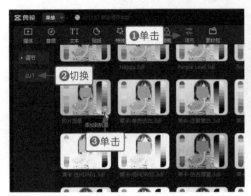

图7-27　　　　　　　　　　　　　　　　　图7-28

图7-29

图7-30

向下拖曳红色曲线，可以使画面偏青色；向上拖曳红色曲线则是使画面偏红色。

7.3.3 通透 LUT：《自由的海鸥》

效果对比 一般的湖水都是偏黄、偏暗色的，通过套用通透 LUT 和后期调色，可以让湖水变得清澈，画面中自由的海鸥也变得圣洁起来了。效果对比如图 7-31 所示。

图7-31

剪映电脑版的操作方法如下。

步骤 01 在剪映电脑版中导入视频，单击视频素材右下角的"添加到轨道"按钮，如图 7-32 所示。

步骤 02 把视频素材添加到视频轨道中，如图 7-33 所示。

 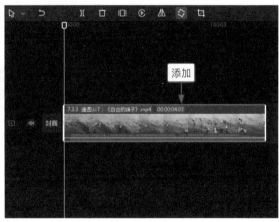

图7-32　　　　　　　　　　　　　　　图7-33

步骤 03 ❶单击"调节"按钮；❷切换至"LUT"选项卡；❸单击"莱卡 - 泛青通透 .3dl"右下角的"添加到轨道"按钮，如图 7-34 所示，应用 LUT。

步骤 04 调整"调节 1"轨道的时长，使其对齐视频的时长，如图 7-35 所示。

步骤 05 ❶设置 LUT 的"强度"参数为 85，减淡一些效果；❷设置"色温"参数为 -4、"对比度"参数为 4、"光感"参数为 -4，微微调整画面的色彩和明度，优化画面细节，如图 7-36 所示。

步骤 06 ❶切换至"曲线"选项卡；❷在"亮度"面板中向下拖曳亮度曲线，调整亮部区域的画面曝光，使画面更加通透，如图 7-37 所示。

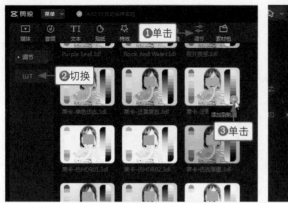

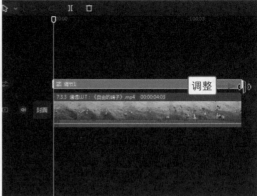

图7-34 图7-35

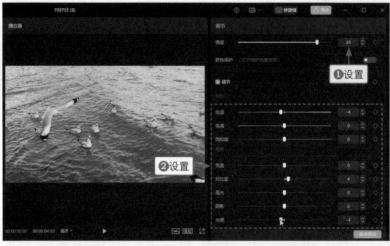

图7-36

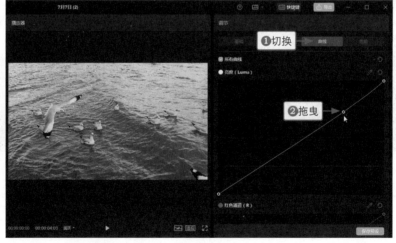

图7-37

7.3.4 美食 LUT：《美味食物》

效果对比 美食 LUT 的特点主要是使食物显得非常美味，从画面中就能感受到色香味十足，让人顿时食欲大开。效果对比如图 7-38 所示。

图7-38

剪映电脑版的操作方法如下。

步骤 01 在剪映电脑版中导入视频，单击视频素材右下角的"添加到轨道"按钮 ┼，如图 7-39 所示。

步骤 02 把视频素材添加到视频轨道中，如图 7-40 所示。

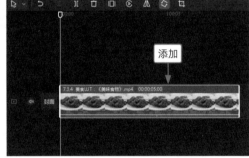

图7-39 　　　　　　　　　　　　　　　　　图7-40

步骤 03 ❶单击"特效"按钮；❷切换至"基础"选项卡；❸单击"变清晰"特效右下角的"添加到轨道"按钮 ┼，如图 7-41 所示，添加特效。

步骤 04 ❶拖曳时间指示器至视频 00:00:01:20 的位置；❷调整"变清晰"特效的时长，使其末端处于该位置，如图 7-42 所示。

步骤 05 ❶单击"调节"按钮；❷切换至"LUT"选项卡；❸单击所选 LUT 右下角的"添加到轨道"按钮 ┼，如图 7-43 所示，应用 LUT。

步骤 06 调整"调节 1"轨道的时长，使其末端对齐视频的末尾位置，如图 7-44 所示。

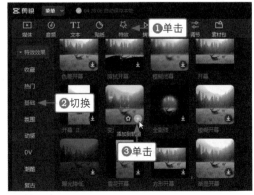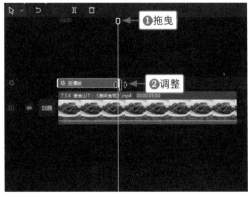

图7-41 　　　　　　　　　　　　　　　　　图7-42

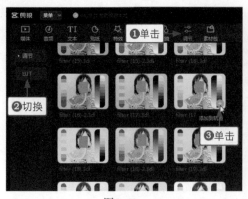 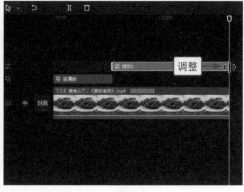

图7-43   图7-44

步骤 07 在"调节"面板中设置"色温"参数为 4、"色调"参数为 3、"饱和度"参数为 3、"对比度"参数为 4、"光感"参数为 5，让食物色泽更加浓郁，更诱人，如图 7-45 所示。

图7-45

7.3.5 青橙 LUT：《古镇风情》

效果对比 青橙 LUT 主要以青色和橙色为主，这款色调适合用在古建筑中，尤其是带些橙色或者黄色、红色的建筑，若有大面积的天空背景，青橙效果更加明显。效果对比如图 7-46 所示。

剪映电脑版的操作方法如下。

步骤 01 在剪映电脑版中导入视频，单击视频素材右下角的"添加到轨道"按钮 ，如图 7-47 所示。

步骤 02 把视频素材添加到视频轨道中，如图 7-48 所示。

图7-46

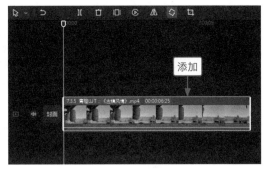

图7-47　　　　　　　　　　　　　　　　　　　　图7-48

步骤 03　❶单击"调节"按钮；❷切换至"LUT"选项卡；❸单击所选 LUT 右下角的"添加到轨道"
　　　　　按钮 ✛，如图 7-49 所示，应用 LUT。

步骤 04　调整"调节 1"轨道的时长，使其对齐视频的时长，如图 7-50 所示。

步骤 05　❶切换至"HSL"选项卡，选择橙色选项 ◯，设置"色相"参数为 -21、"饱和度"参数
　　　　　为 22，让画面中的橙色部分更加鲜艳；❷选择青色选项 ◯；❸设置"饱和度"参数为 -28，
　　　　　降低青色色彩的饱和度，让画面整体更和谐一些，部分参数如图 7-51 所示。

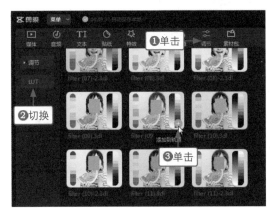

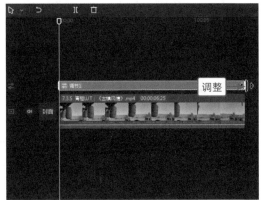

图7-49　　　　　　　　　　　　　　　　　　　　图7-50

图7-51

课后实训　通用 LUT：《海棠花开》

效果对比 通用调色 LUT 适合大部分的视频，比如能让海棠花视频中的花朵更加明艳动人。效果对比如图 7-52 所示。

本案例制作主要步骤如下：

首先将视频素材添加到视频轨道中，❶然后在功能区中单击"调节"按钮；❷切换至"LUT"选项卡；❸单击"通用调色 .3dl"右下角的"添加到轨道"按钮▦，如图 7-53 所示，应用 LUT。

然后调整"调节 1"的时长，使其对齐视频素材的时长，如图 7-54 所示。

图7-52

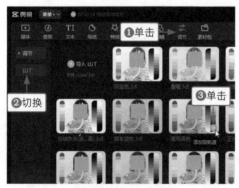

图7-53

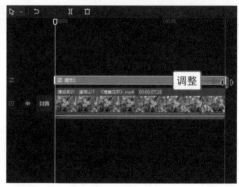

图7-54

最后在"调节"选项区中设置"色温"参数为 -6、"色调"参数为 4、"饱和度"参数为 10、"对比度"参数为 9、"高光"参数为 7、"阴影"参数为 -9、"光感"参数为 5，调整画面的明度和色彩，让花朵美得更加自然，如图 7-55 所示。

图7-55

第 8 章　风光调色——
这样调，让景色更迷人

风光视频是常见的一类视频，由于场景的不同，调色需求也各不相同。本章主要介绍八类常见风光视频的调色方法，主要有海景风光调色、森林植物调色、夕阳天空调色、路边花朵调色、黄花变白调色、蓝天白云调色、变换天空调色，以及调出四季调色。

8.1 海景风光调色：《海天一色》

效果对比 大海和天空一样，都是宽广而清澈的，清澈湛蓝的海水最能体现大海的美，因此大海的调色需要提高蓝色饱和度。效果对比如图 8-1 所示。

图8-1

8.1.1 用剪映电脑版制作

剪映电脑版的操作方法如下。

步骤 01 在剪映电脑版中导入视频，单击视频素材右下角的"添加到轨道"按钮，如图 8-2 所示。

步骤 02 把视频素材添加到视频轨道中，如图 8-3 所示。

图8-2   图8-3

步骤 03 ❶单击"调节"按钮；❷拖曳滑块，设置"亮度"参数为 -4、"对比度"参数为 5、"高光"参数为 4、"阴影"参数为 4、"光感"参数为 5，调整画面的明度，如图 8-4 所示。

步骤 04 设置"色温"参数为 -8、"饱和度"参数为 6，让画面偏冷色调，如图 8-5 所示。

步骤 05 ❶切换至"HSL"选项卡；❷选择青色选项；❸设置"色相"参数为 18、"饱和度"参数为 10、"亮度"参数为 8，让画面中的青色偏蓝一些，如图 8-6 所示。

图8-4

图8-5

图8-6

步骤 06 ❶选择蓝色选项；❷设置"色相"参数为 13、"饱和度"参数为 23、"亮度"参数为 10，让画面偏蓝一些，如图 8-7 所示。

图8-7

步骤 07 切换至"曲线"选项卡，在"蓝色通道"面板中向上微微拖曳蓝色曲线，使画面偏蓝色，如图 8-8 所示。

图8-8

步骤 08 ❶单击"滤镜"按钮；❷切换至"复古胶片"选项卡；❸单击"普林斯顿"滤镜右下角的"添加到轨道"按钮，如图 8-9 所示。

步骤 09 调整"普林斯顿"滤镜的时长，使其对齐视频素材的时长，如图 8-10 所示。

步骤 10 在"滤镜"面板中设置"强度"参数为 50，减淡一些滤镜效果，让画面中的蓝色更加自然，如图 8-11 所示。

"普林斯顿"滤镜是一款偏深蓝色的滤镜，可以让画面快速变成深蓝色。

图8-9

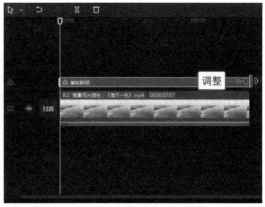

图8-10

图8-11

8.1.2 用剪映手机版制作

剪映手机版的操作方法如下。

步骤 01 在剪映手机版中导入视频，❶选择视频；❷点击"调节"按钮，如图 8-12 所示。

步骤 02 在"调节"选项卡中设置"亮度"参数为 -4、"对比度"参数为 5、"高光"参数为 4、"阴影"参数为 4、"光感"参数为 5、"色温"参数为 -8、"饱和度"参数为 6，调整画面的明度和色彩，使其偏冷色调，部分参数如图 8-13 所示。

步骤 03 选择"HSL"选项，设置青色选项的"色相"参数为 18、"饱和度"参数为 10、"亮度"参数为 8，设置蓝色选项的"色相"参数为 13、"饱和度"参数为 23、"亮度"参数为 10，让画面偏蓝一些，部分参数如图 8-14 所示。

步骤 04 选择"曲线"选项，❶选择蓝色◉选项；❷向上微微拖曳蓝色曲线，使画面偏蓝色，参数如图 8-15 所示。

步骤 05 回到相应的工具栏，点击"滤镜"按钮，如图 8-16 所示。

步骤 06 ❶切换至"复古胶片"选项区；❷选择"普林斯顿"滤镜；❸设置参数为50，让滤镜效果更加自然，如图8-17所示。

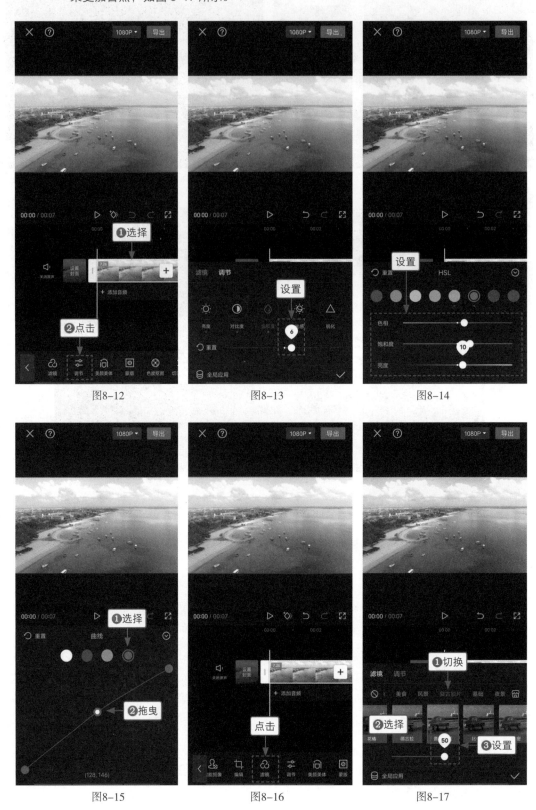

8.2 森林植物调色：《墨绿森系》

效果对比 森林植物调色一般偏墨绿色调，这种色调也叫森系色调，是色度偏暗的绿色调，可以让绿色的植物变得高雅十足。效果对比如图 8-18 所示。

图8-18

8.2.1 用剪映电脑版制作

剪映电脑版的操作方法如下。

步骤 01 把视频添加到视频轨道中之后，❶单击"调节"按钮；❷拖曳滑块，设置"对比度"参数为 7、"高光"参数为 –10、"阴影"参数为 –9、"光感"参数为 5，调整画面的明度，如图 8-19 所示。

图8-19

步骤 02 设置"色温"参数为 –10、"色调"参数为 –13、"饱和度"参数为 –12，使画面偏冷色调，并降低色彩饱和度，如图 8-20 所示。

步骤 03 ❶切换至"HSL"选项卡；❷选择绿色选项◯；❸设置"色相"参数为 29、"饱和度"参数为 –18、"亮度"参数为 –15，让绿色变暗一些，如图 8-21 所示。

图8-20

图8-21

步骤 04 ❶选择黄色选项；❷设置"色相"参数为100、"饱和度"参数为 -51，去黄，让黄色部分也变成绿色，如图 8-22 所示。

图8-22

步骤 05 设置橙色选项 ⬤ 的"饱和度"参数为 -46，让色调再暗一些，如图 8-23 所示。

步骤 06 切换至"曲线"选项卡，在绿色曲线页面中向上微微拖曳绿色曲线，使画面偏绿色，如图 8-24 所示。

图8-23

图8-24

步骤 07 ❶单击"滤镜"按钮；❷切换至"复古胶片"选项卡；❸单击"贝松绿"滤镜右下角的"添加到轨道"按钮 ➕，如图 8-25 所示，让画面更加偏墨绿色。

步骤 08 调整"贝松绿"滤镜的时长，使其对齐视频素材的时长，如图 8-26 所示。

图8-25

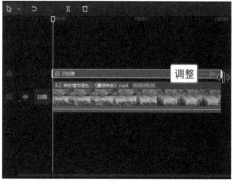

图8-26

8.2.2 用剪映手机版制作

剪映手机版的操作方法如下。

步骤 01 在剪映手机版中导入视频，❶选择视频素材；❷点击"调节"按钮，如图 8-27 所示。

步骤 02 在"调节"选项卡中设置"对比度"参数为 7、"高光"参数为 –10、"阴影"参数为 –9、"光感"参数为 5、"色温"参数为 –10、"色调"参数为 –13、"饱和度"参数为 –12，使画面偏冷色调，并降低色彩饱和度，部分参数如图 8-28 所示。

步骤 03 选择"HSL"选项，在相应的面板中设置绿色选项的"色相"参数为 29、"饱和度"参数为 –18、"亮度"参数为 –15，设置黄色选项的"色相"参数为 100、"饱和度"参数为 –51，设置橙色选项的"饱和度"参数为 –46，降低其他颜色的色彩饱和度，让画面色调偏暗绿，部分参数如图 8-29 所示。

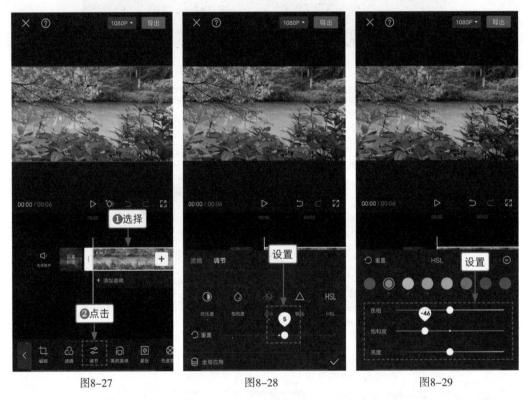

图8-27　　　　　　　　　图8-28　　　　　　　　　图8-29

步骤 04 选择"曲线"选项，❶选择绿色选项◯；❷向上微微拖曳绿色曲线，使画面偏绿色，参数如图 8-30 所示。

步骤 05 回到相应的工具栏，点击"滤镜"按钮，如图 8-31 所示。

步骤 06 ❶切换至"复古胶片"选项区；❷选择"贝松绿"滤镜；❸设置参数为 100，让画面更加偏墨绿色，如图 8-32 所示。

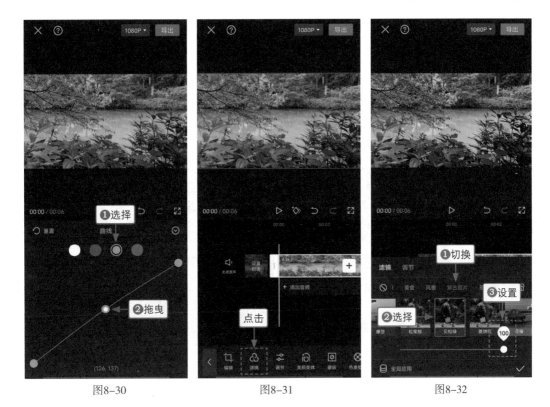

图8-30　　　　　　　　　　图8-31　　　　　　　　　　图8-32

8.3　夕阳天空调色:《粉色晚霞》

效果对比　夕阳天空是丰富多彩的，通过调色，可以把橙色的天空变成以粉红晚霞为主的天空，画面十分梦幻，仿佛童话中的天空一般。效果对比如图 8-33 所示。

图8-33

8.3.1　用剪映电脑版制作

剪映电脑版的操作方法如下。

步骤 01　把视频添加到视频轨道中之后，❶单击"调节"按钮；❷切换至"LUT"选项卡；❸单击所选 LUT 右下角的"添加到轨道"按钮➕，如图 8-34 所示，应用 LUT。

步骤 02　调整"调节 1"轨道的时长，使其对齐视频的时长，如图 8-35 所示。

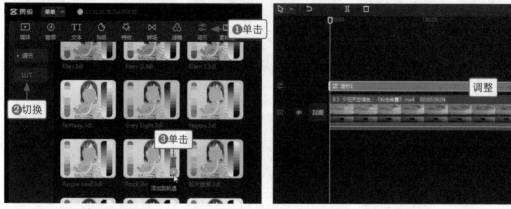

图8-34　　　　　　　　　　　　　　　　图8-35

步骤 03　拖曳滑块，设置"亮度"参数为 4、"对比度"参数为 4、"高光"参数为 5、"阴影"参数为 4、"光感"参数为 4，微微调整画面的明度，如图 8-36 所示。

图8-36

步骤 04　设置"饱和度"参数为 5，让画面更加鲜艳，如图 8-37 所示。

步骤 05　❶切换至"HSL"选项卡；❷选择橙色选项◯；❸设置"色相"参数为 -100、"饱和度"参数为 11，让画面更加粉，如图 8-38 所示。

步骤 06　❶选择紫色选项◯；❷设置"色相"参数为 31，继续提升画面中的粉色，如图 8-39 所示。

图8-37

图8-38

图8-39

8.3.2　用剪映手机版制作

剪映手机版的操作方法如下。

步骤 01　在剪映手机版中导入视频，❶选择视频素材；❷点击"调节"按钮，如图 8-40 所示。

步骤 02　在"调节"选项卡中设置"亮度"参数为 10、"对比度"参数为 18、"饱和度"参数为 20、"光感"参数为 10、"高光"参数为 15，调整画面曝光，使画面色彩鲜艳一些，部分参数如图 8-41 所示。

步骤 03　在"调节"选项卡中选择"HSL"选项，如图 8-42 所示。

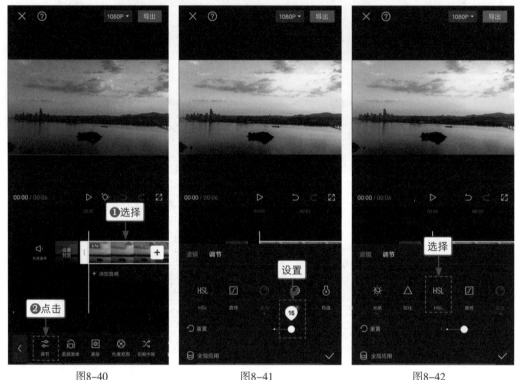

图8-40　　　　　　　　　　　图8-41　　　　　　　　　　　图8-42

步骤 04　设置橙色选项的"色相"参数为 –100、"饱和度"参数为 –26、"亮度"参数为 31，设置紫色选项的"色相"参数为 100，让画面色调偏粉色，部分参数如图 8-43 所示。

步骤 05　回到相应的工具栏，点击"滤镜"按钮，如图 8-44 所示。

步骤 06　❶切换至"风景"选项区；❷选择"暮色"滤镜，让画面中的天空变成粉色晚霞，如图 8-45 所示。

　　由于手机版剪映没有 LUT 工具，因此最后的效果会有些许差异，大家可以举一反三，开发各种调色方法调出粉色晚霞。

图8-43

图8-44

图8-45

8.4 路边花朵调色:《艳丽的小花》

效果对比 自然散射光下拍摄的路边花朵是平平无奇的，后期通过调色，可以让花朵质感瞬间提升，让艳丽的小花绽放夺目的光芒。效果对比如图 8-46 所示。

8.4.1 用剪映电脑版制作

剪映电脑版的操作方法如下。

步骤 01 把视频添加到视频轨道中之后，❶单击"调节"按钮；❷拖曳滑块，设置"亮度"参数为 4、"对比度"参数为 5、"高光"参数为 4、"阴影"参数为 −11，调整画面的明度和花朵的细节，如图 8-47 所示。

步骤 02 设置"色温"参数为 −5、"色调"参数为 4、"饱和度"参数为 4，微微调整画面色彩，如图 8-48 所示。

图8-46

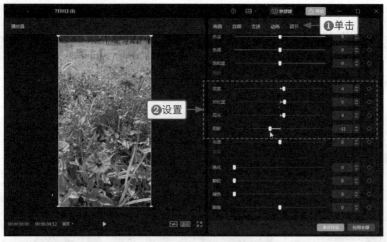

图8-47

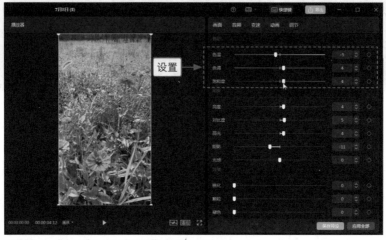

图8-48

步骤 03 ❶切换至"HSL"选项卡；❷设置红色选项的"饱和度"参数为11、橙色选项的"饱和度"参数为6、绿色选项的"饱和度"参数为16、洋红色选项的"饱和度"参数为8，提亮各种花朵和叶子颜色的色彩饱和度，部分参数如图8-49所示。

图8-49

步骤 04　❶单击"滤镜"按钮；❷切换至"风景"选项卡；❸单击"小镇"滤镜右下角的"添加到轨道"按钮 ，如图 8-50 所示，添加滤镜进行二次调色。

步骤 05　调整"小镇"滤镜的时长，使其对齐视频的时长，如图 8-51 所示。

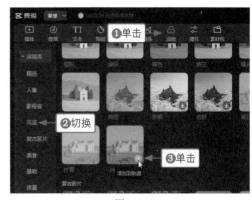

图8-50

8.4.2　用剪映手机版制作

剪映手机版的操作方法如下。

步骤 01　在剪映手机版中导入视频，选择视频素材，点击"调节"按钮，在"调节"选项卡中设置"亮度"参数为 4、"对比度"参数为 5、"高光"参数为 4、"阴影"参数为 –11、"色温"参数为 –5、"色调"参数为 4、"饱和度"参数为 4，调整画面曝光，使画面色彩鲜艳一些，部分参数如图 8-52 所示。

图8-51

步骤 02　选择"HSL"选项，设置红色选项的"饱和度"参数为 11，橙色选项的"饱和度"参数为 6，绿色选项的"饱和度"参数为 16，洋红色选项的"饱和度"参数为 8，提亮各种花朵和叶子颜色的色彩饱和度，部分参数如图 8-53 所示。

步骤 03　❶切换至"滤镜"选项卡；❷在"影视级"选项区中选择"蓝灰"滤镜；❸设置参数为 100，如图 8-54 所示。由于手机版剪映没有"小镇"滤镜，只能用相似的滤镜代替。

图8-52　　　　　　　　　　图8-53　　　　　　　　　　图8-54

8.5 黄花变白调色：《给花朵换衣服》

效果对比 把黄色的迎春花调成白色的，这需要用剪映中的滤镜和 LUT 工具进行调色操作。白色的迎春花并不常见，而且具有圣洁感，因此这种调色也比较独特，用与众不同的色调来展现花朵的另一面。效果对比如图 8-55 所示。

8.5.1 用剪映电脑版制作

剪映电脑版的操作方法如下。

步骤 01 把视频添加到视频轨道中之后，❶单击"特效"按钮；❷切换至"基础"选项卡；❸单击"变清晰"特效右下角的"添加到轨道"按钮➕，如图 8-56 所示。

图8-55

步骤 02 ❶拖曳时间指示器至视频 00:00:02:00 的位置；❷调整"变清晰"特效的时长，使其末端处于该位置，如图 8-57 所示。

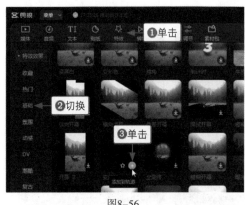

图8-56

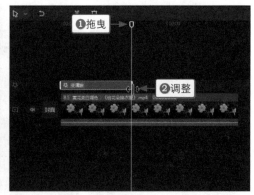

图8-57

步骤 03 ❶单击"调节"按钮；❷切换至"LUT"选项卡；❸单击"莱卡-单色仿古.3dl"右下角的"添加到轨道"按钮➕，如图 8-58 所示，应用 LUT。

步骤 04 ❶单击"滤镜"按钮；❷切换至"复古胶片"选项卡；❸单击 KU4 滤镜右下角的"添加到轨道"按钮➕，如图 8-59 所示，添加滤镜，这时黄花就变白了。

步骤 05 ❶单击"贴纸"按钮；❷切换至"闪闪"选项卡；❸单击所选贴纸右下角的"添加到轨道"按钮➕，如图 8-60 所示。

步骤 06 ❶搜索"节气"贴纸；❷单击所选贴纸右下角的"添加到轨道"按钮➕，如图 8-61 所示。

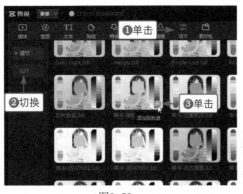

图8-58

图8-59

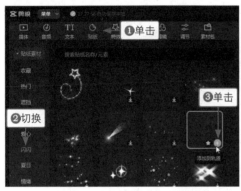

图8-60

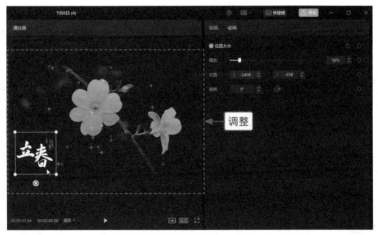

图8-61

步骤 07 调整两款贴纸在画面中的大小和位置，营造节日气氛，如图 8-62 所示。

图8-62

8.5.2 用剪映手机版制作

剪映手机版的操作方法如下。

步骤 01 在剪映手机版中导入视频，依次点击"特效"按钮和"画面特效"按钮，如图 8-63 所示。

步骤 02 在"基础"选项卡中选择"变清晰"特效，调整其时长，使其末端处于视频 2s 左右的位置，如图 8-64 所示。

步骤 03 回到主面板，点击"滤镜"按钮，在"复古胶片"选项区中选择 KU4 滤镜，如图 8-65 所示。

步骤 04 ❶再添加"千玺 IXU"滤镜；❷设置参数为 70，如图 8-66 所示，让黄花变白，不过变白之后，与电脑版会有些许差异。

步骤 05 调整两段滤镜的时长，使其起始位置对齐视频 2s 的位置，如图 8-67 所示。

步骤 06 添加"闪闪"贴纸和"节气"贴纸，并调整其大小和位置，如图 8-68 所示。

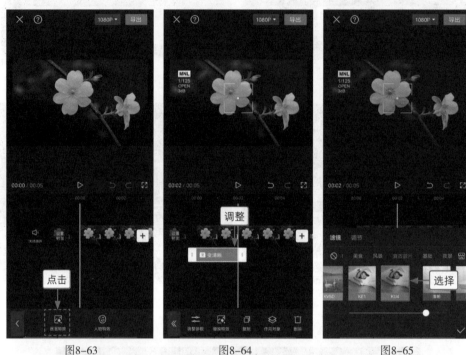

图8-63　　　　　　　图8-64　　　　　　　图8-65

图8-66　　　　　　　图8-67　　　　　　　图8-68

8.6 蓝天白云调色：《来自草原的呼唤》

效果对比 蓝天白云调色的重点是让蓝天变得蓝一些，从而衬托白云的白，让天气一看就很晴朗，至于其他的风景，也是增加色彩饱和度。效果对比如图 8-69 所示。

图8-69

8.6.1 用剪映电脑版制作

剪映电脑版的操作方法如下。

步骤 01 把视频添加到视频轨道中之后，❶单击"调节"按钮；❷拖曳滑块，设置"饱和度"参数为 4、"亮度"参数为 4、"光感"参数为 4，增加曝光和色彩饱和，如图 8-70 所示。

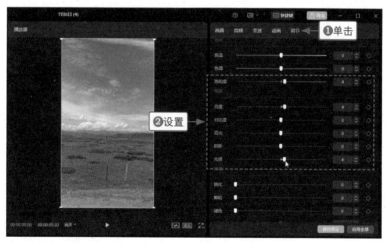
图8-70

步骤 02 ❶切换至"HSL"选项卡；❷选择绿色选项◯；❸设置"色相"参数为 11、"饱和度"参数为 24，让草原变绿一些，如图 8-71 所示。

步骤 03 ❶选择蓝色选项◯；❷设置"色相"参数为 7、"饱和度"参数为 14，让天空变蓝一些，如图 8-72 所示。

步骤 04 ❶单击"滤镜"按钮；❷切换至"风景"选项卡；❸单击"绿妍"滤镜右下角的"添加到轨道"按钮┿，如图 8-73 所示。

步骤 05 调整"绿妍"滤镜的时长，使其对齐视频的时长，如图 8-74 所示，让天空更蓝一些，白云也会被衬托得更白。

图8-71

图8-72

图8-73

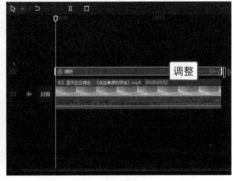

图8-74

在调色之前，我们需要分析画面中主要由几种颜色构成，针对这些色彩，就可以用 HSL 工具分类调色，从而快速达到理想的效果。

8.6.2　用剪映手机版制作

剪映手机版的操作方法如下。

步骤 01 选择视频素材，点击"调节"按钮，在"调节"选项卡中设置"饱和度"参数为 4、"亮度"参数为 4，"光感"参数为 4，增加曝光和色彩饱和，部分参数如图 8-75 所示。

步骤 02 选择"HSL"选项，设置绿色选项"色相"参数为 11、"饱和度"参数为 24；设置蓝色选项的"色相"参数为 7、"饱和度"参数为 14，让草更绿天空更蓝，部分参数如图 8-76 所示。

步骤 03 ❶切换至"滤镜"选项卡；❷在"风景"选项区中选择"绿妍"滤镜；❸设置参数为 100，让蓝天白云更加漂亮，如图 8-77 所示。

图8-75

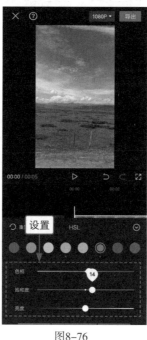
图8-76

图8-77

8.7 变换天空调色：《让天空随心变》

效果对比 在剪映中可以通过"蒙版"功能为视频更换天空，让多云阴沉的天空变成蓝天白云，让不动的天空变成动态天空，也可以让照片动起来，让图片变成动态的视频。效果对比如图 8-78 所示。

8.7.1 用剪映电脑版制作

剪映电脑版的操作方法如下。

步骤 01 在剪映电脑版中导入原始视频素材和天空视频素材至"本地"选项卡中，单击原始视频素材右下角的"添加到轨道"按钮■，如图 8-79 所示。

步骤 02 把视频添加到视频轨道中，拖曳天空素材至画中画轨道中，使其对齐原始视频素材的位置，如图 8-80 所示。

图8-78

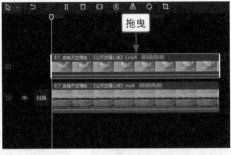

图8-79 图8-80

步骤 03 调整天空视频的位置，使其盖住原始视频的天空，其中"位置"中的 Y 参数为 129，如图 8-81 所示。

图8-81

步骤 04 ❶切换至"蒙版"选项卡；❷选择"线性"蒙版；❸调整蒙版线的位置，使其处于天空与大地之间的位置；❹向上拖曳⦞按钮，设置"羽化"参数为 12，让边缘过渡更加自然，从而实现更换天空的效果，如图 8-82 所示。

图8-82

8.7.2 用剪映手机版制作

剪映手机版的操作方法如下。

步骤 01 导入视频素材，依次点击"画中画"按钮和"新增画中画"按钮，如图 8-83 所示。

步骤 02 在相册中添加天空视频素材，❶调整天空视频的大小和位置，使其覆盖原始视频中的天空；❷点击"蒙版"按钮，如图 8-84 所示。

步骤 03 ❶选择"线性"蒙版；❷调整蒙版线的位置，使其处于天空与大地之间的位置；❸向下拖曳▽按钮，羽化边缘，让视频之间的过渡更加自然，从而更换天空，如图 8-85 所示。

图8-83

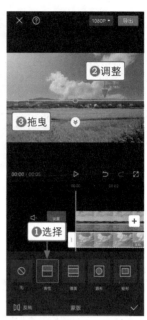
图8-84

图8-85

8.8 调出四季调色:《变出一年四时》

效果对比 在剪映中通过设置滤镜、调节参数和添加特效就能制作一年四季变换的视频，而且方法简单，画面精美。效果对比如图 8-86 所示。

图8-86

8.8.1 用剪映电脑版制作

剪映电脑版的操作方法如下。

步骤 01 把素材添加到视频轨道中，设置素材的时长为 3s，如图 8-87 所示。

步骤 02 复制该段素材并粘贴 3 段素材至剩下的视频轨道中，如图 8-88 所示。

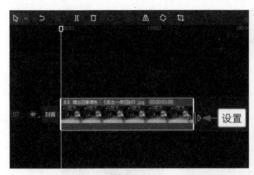
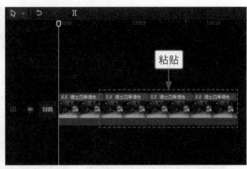

图8-87   图8-88

步骤 03 ❶单击"滤镜"按钮；❷切换至"风景"选项卡；❸单击"樱粉"滤镜右下角的"添加到轨道"按钮➕，如图 8-89 所示，让第 1 段素材像春天樱花盛开的时候。

步骤 04 拖曳时间指示器至第 1 段素材的末尾位置，如图 8-90 所示。

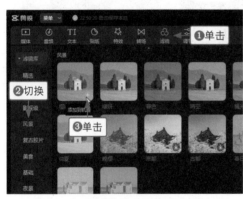
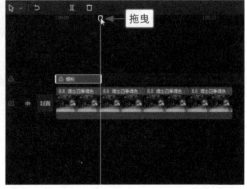

图8-89   图8-90

步骤 05 在"风景"选项卡中单击"仲夏"滤镜右下角的"添加到轨道"按钮➕，如图 8-91 所示，让第 2 段素材更有夏天的感觉。

步骤 06 用与上面同样的方法，为第 3 段素材添加"影视级"选项卡中的"月升之国"滤镜，让第 3 段素材有秋天的氛围；为第 4 段素材添加"黑白"选项卡中的"牛皮纸"滤镜，让第 4 段素材有冬天的感觉，如图 8-92 所示。

步骤 07 选择第 4 段素材，❶单击"调节"按钮；❷拖曳滑块，设置"色温"参数为 -8、"亮度"参数为 11、"对比度"参数为 -50、"高光"参数为 18、"阴影"参数为 50、"光感"参数为 32，增加曝光，降低明暗对比，让画面更加像冬天，如图 8-93 所示。

步骤 08 ❶在第 1 段素材的起始位置单击"特效"按钮；❷切换至"自然"选项卡；❸单击"落樱"特效右下角的"添加到轨道"按钮➕，如图 8-94 所示，让樱花慢慢飘落。

步骤 09 拖曳时间指示器至第 1 段素材的末尾位置，如图 8-95 所示。

图8-91

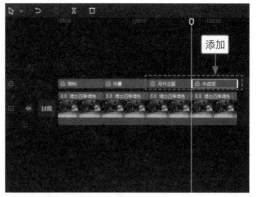
图8-92

图8-93

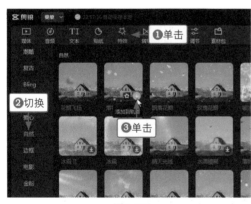
图8-94

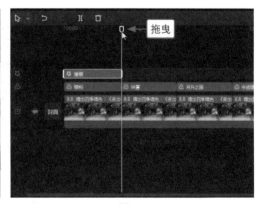
图8-95

步骤 10 在"自然"选项卡中单击"晴天光线"特效右下角的"添加到轨道"按钮，如图 8-96 所示，让第 2 段素材更有夏日感。

步骤 11 为剩下的两段素材分别添加"落叶"特效和"大雪纷飞"特效，如图 8-97 所示。

步骤 12 ❶在第 1 段素材的起始位置单击"文本"按钮；❷在"文字模板"选项卡中切换至"片头标题"选项区；❸单击所选文字右下角的"添加到轨道"按钮，如图 8-98 所示。

步骤 13 为剩下的 3 段素材都添加同款文字模板，如图 8-99 所示。

图8-96

图8-97

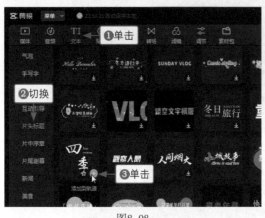

图8-98

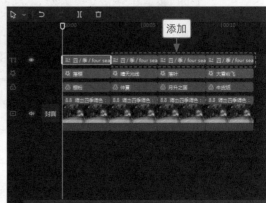

图8-99

步骤 14 选择第 1 段文字，更改文字内容，并调整文字的大小，如图 8-100 所示，剩下的 3 段文字也是改成相应的季节，并且调整其大小。

图8-100

步骤 15 ❶在第 1 段素材的起始位置单击"音频"按钮；❷搜索"四季"音乐；❸单击所选音乐右下角的"添加到轨道"按钮，如图 8-101 所示，添加背景音乐。

步骤 16 向左拖曳音乐右侧的白框，调整音频的时长，使其对齐整段视频的时长，如图 8-102 所示。

按【Ctrl + C】组合键可以快速复制素材，按【Ctrl + V】组合键可以快速粘贴所复制的素材。

图8-101

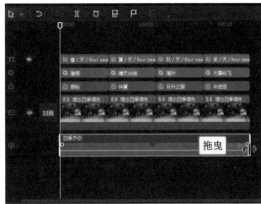
图8-102

8.8.2 用剪映手机版制作

剪映手机版的操作方法如下。

步骤 01 导入 4 段素材，❶选择第 1 段素材；❷点击"滤镜"按钮，如图 8-103 所示。

步骤 02 ❶选择"樱粉"风景滤镜；❷设置参数为 100，如图 8-104 所示，为剩下的 3 段素材分别添加"仲夏"滤镜、"月升之国"滤镜和"牛皮纸"滤镜，并都设置参数为 100。

步骤 03 选择第 4 段素材，点击"调节"按钮，设置"色温"参数为 -8、"亮度"参数为 11、"对比度"参数为 -50、"高光"参数为 18、"阴影"参数为 50、"光感"参数为 32，增加曝光，降低明暗对比，让画面更加像冬天，部分参数如图 8-105 所示。

图8-103

图8-104

图8-105

步骤 04 在起始位置依次点击"特效"按钮和"画面特效"按钮，为第 1 段素材添加"落樱"自然特效，如图 8-106 所示，为剩下的 3 段素材分别添加"晴天光线"特效、"落叶"特效和"大雪纷飞"特效。

步骤 05 在起始位置依次点击"文字"按钮和"文字模板"按钮，添加一款"片头标题"文字模板，并更改文字内容和调整文字的大小，如图 8-107 所示，为剩下的 3 段素材也添加相应的同款文字模板。

步骤 06 依次点击"音频"按钮和"音乐"按钮，搜索并添加背景音乐，如图 8-108 所示。

图8-106 图8-107 图8-108

课后实训　建筑风光调色：《天地一隅》

效果对比 阴天时的古建筑并不能完全展现其色彩的美，后期通过调色，可以让古建筑大放异彩，展现其华丽的美。效果对比如图 8-109 所示。

图8-109

本案例制作主要步骤如下：

首先❶将视频素材添加到视频轨道中；❷在功能区中单击"调节"按钮；❸切换至"LUT"选项卡；❹添加"莱卡 – 糖水清新 .3dl"LUT；❺调整"调节 1"的时长，使其对齐视频的时长，如图 8-110 所示。

然后在"调节"选项区中设置"色温"参数为 –16、"色调"参数为 –6、"饱和度"参数为 7、"对比度"参数为 4、"高光"参数为 7、"光感"参数为 –8，调整画面的明度和色彩，让古建筑的色彩更加明艳些，如图 8-111 所示。

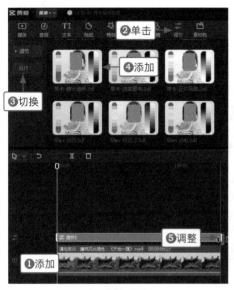

图8-110

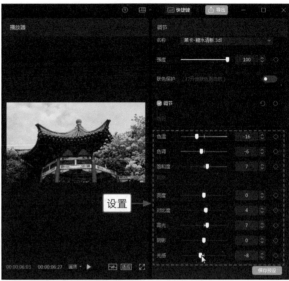

图8-111

第 9 章　人像调色——
让人物画面丰富多彩

人像视频调色最主要的是优化视频中的人像，处理好脸部
细节，提升视频的质感。本章主要介绍如何进行日系清新调
色、时尚风格调色、港风人像调色、古风人像调色和冷系甜美
调色，帮助大家调出心仪的色调。

9.1 日系清新调色:《夏日感》

效果对比 清新淡雅的日系清新调色能让画面变得清透,还能突出人像的清纯靓丽感,大部分的日系色调都是偏冷色,非常适合用在青春人像视频中。效果对比如图 9-1 所示。

9.1.1 用剪映电脑版制作

剪映电脑版的操作方法如下。

步骤 01 在剪映电脑版中导入视频,单击视频素材右下角的"添加到轨道"按钮 ,如图 9-2 所示,把视频素材添加到视频轨道中。

步骤 02 拖曳时间指示器至视频 2s 的位置,如图 9-3 所示。

图9-2

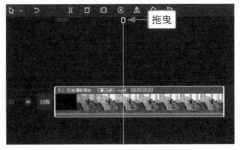

图9-3

步骤 03 ❶单击"滤镜"按钮;❷切换至"人像"选项卡;❸单击"焕肤"滤镜右下角的"添加到轨道"按钮 ,如图 9-4 所示,添加滤镜。

步骤 04 ❶单击"调节"按钮;❷切换至"LUT"选项卡;❸单击"莱卡 - 青蓝复古 .3dl"右下角的"添加到轨道"按钮 ,如图 9-5 所示,应用 LUT,让画面更加清透。

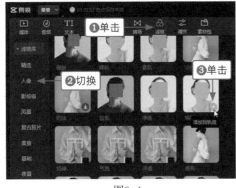

图9-4

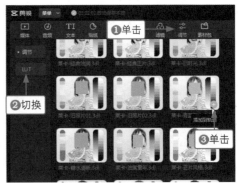

图9-5

步骤 05 在"调节"选项区中拖曳滑块，设置"强度"参数为 80、"色温"参数为 -9、"饱和度"参数为 -4、"高光"参数为 -4、"光感"参数为 -5，让画面更自然，如图 9-6 所示。

图9-6

步骤 06 ❶切换至"曲线"选项卡；❷在"亮度"面板中向下拖曳亮度曲线，降低曝光，如图 9-7 所示。

图9-7

步骤 07 ❶单击"贴纸"按钮；❷搜索"日系"贴纸；❸单击所选贴纸右下角的"添加到轨道"按钮，如图 9-8 所示，添加贴纸。

步骤 08 ❶单击"特效"按钮；❷切换至 Bling 选项卡；❸单击"星河Ⅱ"特效右下角的"添加到轨道"按钮，如图 9-9 所示，添加特效。

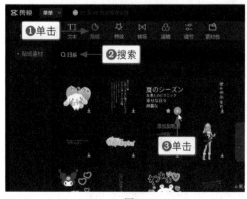

图9-8

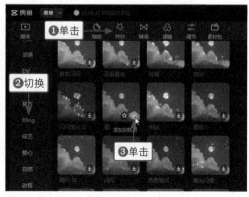

图9-9

步骤 09 调整贴纸的大小和位置，使画面更有日系清新感，如图9-10所示。

图9-10

9.1.2 用剪映手机版制作

剪映手机版的操作方法如下。

步骤 01 导入视频，❶在视频2s的位置添加"焕肤"人像滤镜；❷点击"新增调节"按钮，如图9-11 所示。

步骤 02 在"调节"选项卡中设置"饱和度"参数为5、"光感"参数为7、"高光"参数为11、"色温"参数为-11、"色调"参数为-6，调整画面的明度和色彩，使其偏冷色调，部分参数如图9-12所示。

步骤 03 ❶添加"星河Ⅱ"Bling特效；❷添加日系文字贴纸并调整其大小和位置，如图9-13所示。由于手机版没有LUT工具，最后的效果会与电脑版的有些许差异。

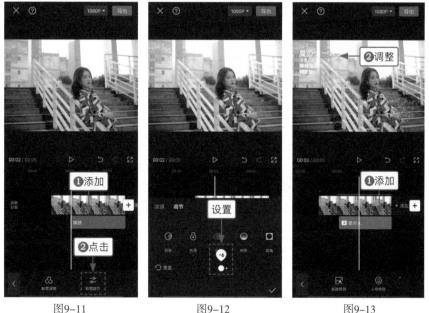

图9-11　　　　　　　图9-12　　　　　　　图9-13

9.2 时尚风格调色：《酷女孩》

效果对比 时尚风格视频中的画面一般色彩鲜艳，画面干净，展现人像最美最酷的状态，还可以加些特效增加炫酷感。效果对比如图 9-14 所示。

9.2.1 用剪映电脑版制作

剪映电脑版的操作方法如下。

步骤 01 把视频素材添加到视频轨道中，❶在视频 2s 的位置单击"滤镜"按钮；❷切换至"风景"选项卡；❸单击"柠青"滤镜右下角的"添加到轨道"按钮，如图 9-15 所示。

步骤 02 单击"晴空"滤镜右下角的"添加到轨道"按钮，如图 9-16 所示，添加两段滤镜进行初步调色。

图9-14

图9-15

图9-16

步骤 03 设置"晴空"滤镜的"强度"参数为 70，稍微减淡一些效果，如图 9-17 所示。

步骤 04 ❶单击"调节"按钮；❷单击"自定义调节"右下角的"添加到轨道"按钮，如图 9-18 所示，添加一条调节轨道。

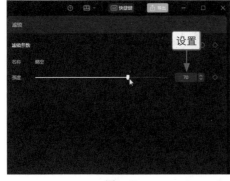

图9-17

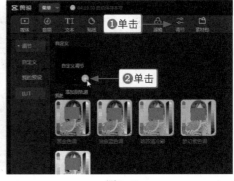

图9-18

步骤 05 在"调节"选项区中设置"饱和度"参数为 6、"亮度"参数为 6、"对比度"参数为 4、"高光"参数为 5、"阴影"参数为 -3、"光感"参数为 5，调整明度和色彩，如图 9-19 所示。

图9-19

步骤 06 ❶切换至"HSL"选项卡；❷设置红色选项的"饱和度"参数为 -16、橙色选项的"饱和度"参数为 -12、黄色选项的"饱和度"参数为 -18，调整肤色，部分参数如图 9-20 所示。

图9-20

步骤 07 ❶单击"特效"按钮；❷切换至"潮酷"选项卡；❸单击"荧光扫描"特效右下角的"添加到轨道"按钮➕，如图 9-21 所示，添加炫酷特效。

步骤 08 ❶切换至"爱心"选项卡；❷单击"白色爱心"特效右下角的"添加到轨道"按钮➕，如图 9-22 所示，添加爱心特效。

图9-21

图9-22

9.2.2 用剪映手机版制作

剪映手机版的操作方法如下。

步骤 01　导入视频，❶在视频 2s 的位置添加"柠青"和"晴空"风景滤镜，并设置"晴空"滤镜的参数为 70；❷点击"新增调节"按钮，如图 9-23 所示。

步骤 02　在"调节"选项卡中设置"饱和度"参数为 6、"亮度"参数为 6、"对比度"参数为 4、"高光"参数为 5、"阴影"参数为 −3、"光感"参数为 5；在 HSL 面板中设置红色选项的"饱和度"参数为 −16、橙色选项的"饱和度"参数为 −12、黄色选项的"饱和度"参数为 −18，调整画面的明度和色彩，让人像更美丽，部分参数如图 9-24 所示。

步骤 03　在视频 2s 的位置依次点击"特效"按钮和"画面特效"按钮，添加"荧光扫描"和"白色爱心"特效，如图 9-25 所示。

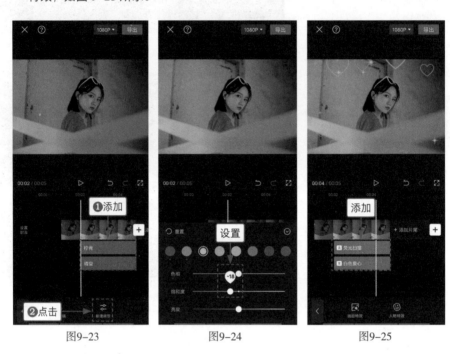

图9-23　　　　　　　　图9-24　　　　　　　　图9-25

9.3　港风人像调色：《年代女孩》

效果对比　港风人像调色自带复古感，色调主色多是红色和橙色，这种色调可以最大限度突出人像的气场和魅力。效果对比如图 9-26 所示。

9.3.1　用剪映电脑版制作

剪映电脑版的操作方法如下。

步骤 01　把视频素材和色卡素材导入"本地"选项卡中，单击视频素材右下角的

图9-26

"添加到轨道"按钮 ，如图 9-27 所示，把视频添加到视频轨道中。

步骤 02 在视频 2s 的位置，拖曳色卡素材至画中画轨道中，并调整时长，如图 9-28 所示。

 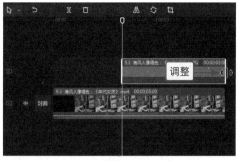

图9-27　　　　　　　　　　　图9-28

步骤 03 ❶放大色卡素材，使其覆盖画面；❷设置"混合模式"为"正片叠底"模式；❸拖曳滑块，设置"不透明度"参数为 60%，降低色卡的颜色浓度，如图 9-29 所示。

步骤 04 ❶单击"滤镜"按钮；❷在"复古胶片"选项卡中单击"港风"滤镜右下角的"添加到轨道"按钮 ，如图 9-30 所示，添加滤镜，让画面更有复古感。

步骤 05 ❶单击"特效"按钮；❷在"氛围"选项卡中单击"浪漫氛围Ⅱ"特效右下角的"添加到轨道"按钮 ，如图 9-31 所示，添加特效。

图9-29

 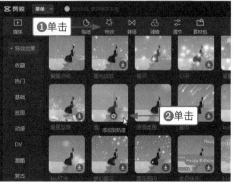

图9-30　　　　　　　　　　　图9-31

步骤 06 ❶单击"贴纸"按钮；❷搜索"港风"贴纸；❸单击所选贴纸右下角的"添加到轨道"按钮，如图 9-32 所示，添加贴纸。

步骤 07 调整贴纸的大小和位置，如图 9-33 所示。

图9-32 图9-33

9.3.2 用剪映手机版制作

剪映手机版的操作方法如下。

步骤 01 在视频 2s 的位置依次点击"画中画"按钮和"新增画中画"按钮，添加色卡素材，❶放大色卡素材，使其覆盖画面并点击"混合模式"按钮；❷选择"正片叠底"选项；❸设置参数为 60，如图 9-34 所示。

步骤 02 添加"港风"复古胶片滤镜，并设置参数为 50，依次点击"特效"按钮和"画面特效"按钮，在"氛围"选项卡中选择"浪漫氛围 II"特效，如图 9-35 所示。

步骤 03 依次点击"贴纸"按钮和"添加贴纸"按钮，❶搜索"港风"贴纸；❷选择一款贴纸；❸调整贴纸的大小和位置，如图 9-36 所示。

图9-34 图9-35 图9-36

9.4 古风人像调色:《清丽脱俗》

效果对比 对于古风视频中的人像,调色需要把服装和场景的特点放大,比如突出衣服和场景的红色,让画面更加吸睛。针对全身人像的视频,还需要瘦身和长腿,拉长比例使人物增高,还可以美白人像,让皮肤变好些,展现清丽脱俗的气质。效果对比如图 9-37 所示。

图9-37

9.4.1 用剪映电脑版制作

剪映电脑版的操作方法如下。

步骤 01 把视频添加到视频轨道中之后,❶单击"调节"按钮;❷拖曳滑块,设置"色温"参数为 -8、"色调"参数为 -6、"饱和度"参数为 3、"亮度"参数为 5、"对比度"参数为 2、"高光"参数为 26、"阴影"参数为 5,调整画面的明度和色彩,如图 9-38 所示。

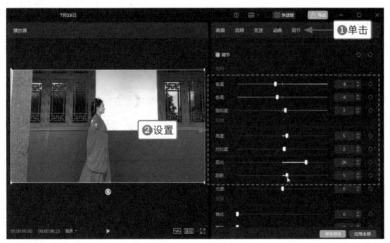

图9-38

步骤 02 ❶单击"画面"按钮;❷选中"智能美颜"复选框,并设置"美白"参数为 50,其他参数为 0,美白皮肤;❸选中"智能美体"复选框,设置"瘦身"和"长腿"参数为 50,进行增高瘦身,如图 9-39 所示。

步骤 03 ❶单击"滤镜"按钮;❷切换至"复古胶片"选项卡;❸单击"姜饼红"滤镜右下角的"添加到轨道"按钮➕,如图 9-40 所示,添加滤镜。

步骤 04 拖曳滑块,设置"强度"参数为 93,减淡一些滤镜效果,如图 9-41 所示。

步骤 05 ❶单击"调节"按钮；❷切换至"LUT"选项卡；❸单击"莱卡－仿古厚重 .3dl"右下角的
"添加到轨道"按钮 ➕，如图 9-42 所示，应用 LUT 进行调色。

步骤 06 调整"姜饼红"滤镜和"调节 1"轨道的时长，使其对齐视频的时长，如图 9-43 所示。

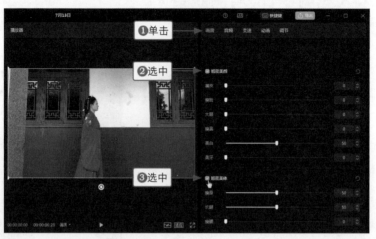

图9-39

图9-40

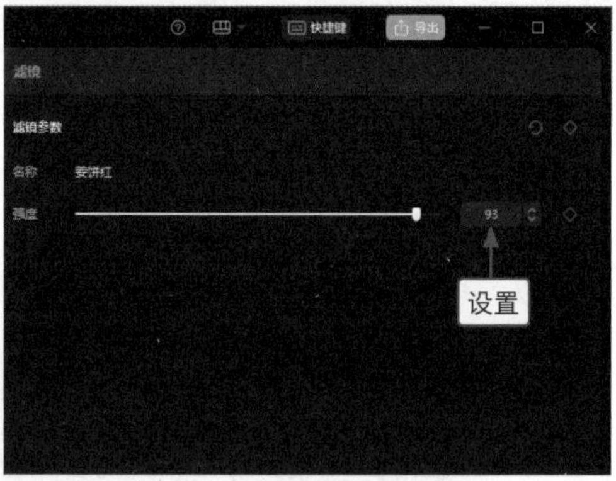

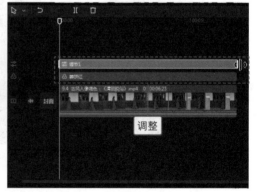

图9-41

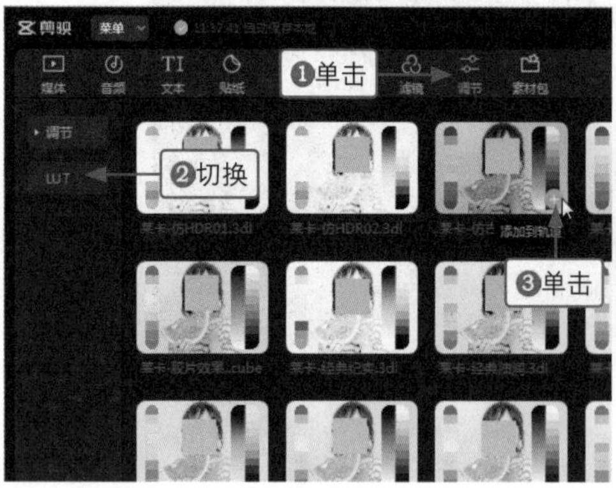

图9-42

图9-43

9.4.2 用剪映手机版制作

剪映手机版的操作方法如下。

步骤 01　在剪映手机版中导入视频,选择视频素材,依次点击"美颜美体"按钮和"智能美颜",设置"美白"参数为 50,点击"智能美体"按钮,设置"瘦身"和"长腿"参数为 50,进行美白和瘦身操作,部分参数如图 9-44 所示。

步骤 02　点击"滤镜"按钮,❶在"复古胶片"选项区中选择"姜饼红"滤镜;❷设置参数为93,如图 9-45 所示。

步骤 03　❶切换至"调节"选项卡;❷设置"亮度"参数为 5、"对比度"参数为 2、"高光"参数为26、"阴影"参数为 5、"色温"参数为 –8、"色调"参数为 –6、"饱和度"参数为 3,调整画面的明度和色彩,部分参数如图 9-46 所示。手机版剪映没有 LUT 工具,调色就到此结束。

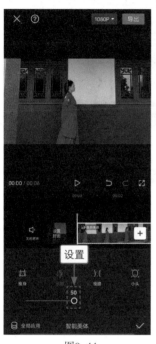 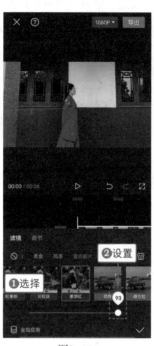 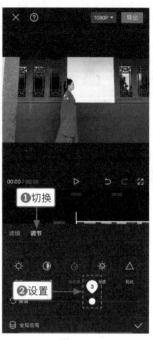

图9-44　　　　　　　　　图9-45　　　　　　　　　图9-46

9.5　冷系甜美调色:《如冰激凌般》

效果对比　偏冷系的色调一般是偏蓝色的,视频中的人像就像夏日海盐冰激凌一般,清爽甜美。效果对比如图 9-47 所示。

图9-47

9.5.1 用剪映电脑版制作

剪映电脑版的操作方法如下。

步骤 01 把视频添加到视频轨道中之后，❶拖曳时间指示器至视频 00:00:02:00 的位置；❷单击"分割"按钮 ⅠⅠ，如图 9-48 所示，分割素材。

步骤 02 ❶单击"滤镜"按钮；❷切换至"人像"选项卡；❸单击"净透"滤镜右下角的"添加到轨道"按钮 ➕，如图 9-49 所示，添加滤镜。

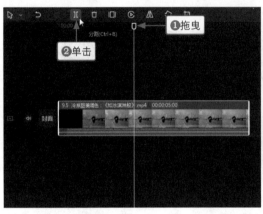
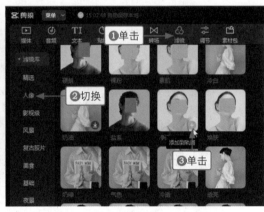

图9-48   图9-49

步骤 03 选择第 2 段视频素材，❶选中"智能美颜"复选框；❷设置"磨皮""瘦脸"和"美白"参数都为 50，美化人脸和皮肤，如图 9-50 所示。

步骤 04 ❶单击"调节"按钮；❷切换至"曲线"选项卡，在"蓝色通道"中向上微微拖曳蓝色曲线，让画面偏蓝色，偏冷色调，如图 9-51 所示。

分割素材是为了让视频前后有画面对比效果；选中"智能美颜"复选框，系统会默认"磨皮"和"瘦脸"参数为 50；选中"智能美体"复选框，系统会默认"瘦身"和"长腿"参数为 50，后期也可以根据实际情况减少参数或者增加参数。

图9-50

图9-51

9.5.2 用剪映手机版制作

剪映手机版的操作方法如下。

步骤 01 在剪映手机版中导入视频，在视频 2s 的位置点击"分割"按钮，如图 9-52 所示。

步骤 02 分割素材之后，❶ 选择第 2 段素材；❷ 依次点击"美颜美体"按钮和"智能美颜"按钮，如图 9-53 所示。

步骤 03 设置"磨皮""瘦脸"和"美白"参数都为 50，美化人脸和皮肤，部分参数如图 9-54 所示。

图9-52

图9-53

图9-54

步骤 **04**　选择第 2 段素材，并点击"滤镜"按钮，如图 9-55 所示。

步骤 **05**　❶在"人像"选项区中选择"净透"滤镜；❷设置参数为 100，如图 9-56 所示。

步骤 **06**　切换至"调节"选项卡，选择"曲线"选项，❶选择蓝色选项◯；❷向上微微拖曳蓝色曲线，
让画面偏蓝色，偏冷色调，如图 9-57 所示。

图9-55　　　　　　　　　　图9-56　　　　　　　　　　图9-57

课后实训　青调人像调色:《江南女子》

效果对比　青调效果清丽，给人一种淡淡的疏离感。效果对比如图 9-58 所示。

图9-58

本案例制作主要步骤如下:

❶首先将视频素材添加到视频轨道中；❷在功能区中单击"滤镜"按钮；❸切换至"影视级"选项卡；
❹添加"青黄"滤镜；❺调整"青黄"滤镜的时长，如图 9-59 所示。

　　然后选择视频素材，❶在操作区中单击"调节"按钮，设置"色温"参数为 -5、"色调"参数为 -15、"饱和度"参数为 -8、"亮度"和"对比度"参数为 4、"对比度"和"高光"参数为 -6、"阴影"参数为 -6、"光感"参数为 9，调整画面的明度和色彩；❷切换至"HSL"选项卡；❸设置橙色和黄色选项的"饱和度"参数分别为 -20 和 -100，设置绿色选项的"色相"参数为 16、"饱和度"参数为 -19、"亮度"参数为 23，设置"青色"选项的"色相"参数为 25、"饱和度"参数为 24，让画面偏青绿色，部分参数如图 9-60 所示。

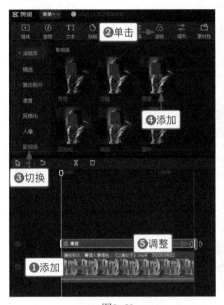

图9-59

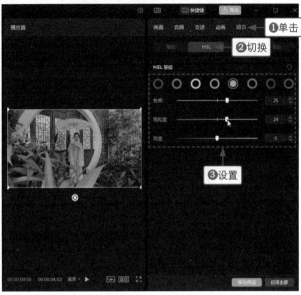

图9-60

第 10 章　网红色调——
大神都爱用的 ins 风格

当今网上最流行的调色就是网红调色，也是大神们最爱的 ins 风格调色。本章介绍几例比较受欢迎的色调，比如糖果色调、街拍调色、电影感调色、宫崎骏色调、赛博朋克色调和人文纪实调色，这些色调极具个性化，也广受大众喜爱。

10.1 糖果色调：《甜蜜世界》

效果对比 糖果色调画面非常简洁，以浅色的青色为主调，色彩干净鲜艳，就像糖果包装纸一样，给人甜蜜的感觉。效果对比如图 10-1 所示。

图10-1

10.1.1 用剪映电脑版制作

剪映电脑版的操作方法如下。

步骤 01 把视频素材添加到视频轨道中，❶单击"滤镜"按钮；❷切换至"风景"选项卡；❸单击"仲夏"滤镜右下角的"添加到轨道"按钮🔲，如图 10-2 所示，添加滤镜初步调色。

步骤 02 调整"仲夏"滤镜的时长，使其对齐视频的时长，如图 10-3 所示。

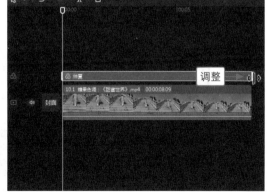

图10-2   图10-3

步骤 03 选择视频素材，❶单击"调节"按钮；❷在"调节"选项区中拖曳滑块，设置"色温"参数为 -8、"色调"参数为 9、"饱和度"参数为 9、"亮度"参数为 7、"对比度"参数为 -7、"高光"参数为 6、"光感"参数为 2，调整画面明度和色彩，使画面整体稍微偏浅一些，如图 10-4 所示。

步骤 04 ①切换至"HSL"选项卡；②设置红色选项的"色相"参数为-45、"饱和度"参数为24；设置橙色选项的"色相"参数为-34、"亮度"参数为42；设置黄色选项的"色相"参数为-62、"饱和度"参数为38；设置绿色选项的"色相"参数为38、"饱和度"参数为28；设置青色选项的"色相"参数为-60、"饱和度"参数和"亮度"参数为100；设置蓝色选项的"色相"参数为-100、"饱和度"参数为5、"亮度"参数为3；设置紫色选项的"色相"参数为92、"饱和度"参数为49、"亮度"参数为-19；设置洋红色选项的"色相"参数为80、"饱和度"参数为100、"亮度"参数为49，让画面中的天空变成青色，树变嫩绿一些，其他物体的颜色变浅一些，部分参数如图10-5所示。

图10-4

图10-5

10.1.2 用剪映手机版制作

剪映手机版的操作方法如下。

步骤 01   导入视频并选择视频，点击"滤镜"按钮，❶在"风景"选项区中选择"仲夏"滤镜；❷设置参数为 100，如图 10-6 所示，添加滤镜进行初步调色。

步骤 02   ❶切换至"调节"选项卡；❷设置"亮度"参数为 7、"对比度"参数为 −7、"高光"参数为 6、"光感"参数为 2、"色温"参数为 −8、"色调"参数为 9、"饱和度"参数为 9，调整画面明度和色彩，使其偏浅色，部分参数如图 10-7 所示。

步骤 03   选择"HSL"选项，设置红色选项的"色相"参数为 −45、"饱和度"参数为 24；设置橙色选项的"色相"参数为 −34、"亮度"参数为 42；设置黄色选项的"色相"参数为 −62、"饱和度"参数为 38；设置绿色选项的"色相"参数为 38、"饱和度"参数为 28；设置青色选项的"色相"参数为 −60、"饱和度"参数和"亮度"参数为 100；设置蓝色选项的"色相"参数为 −100、"饱和度"参数为 5、"亮度"参数为 3；设置紫色选项的"色相"参数为 92、"饱和度"参数为 49、"亮度"参数为 −19；设置洋红色选项的"色相"参数为 80、"饱和度"参数为 100、"亮度"参数为 49，让画面中的天空变成青色，树变嫩绿一些，其他物体的颜色变浅一些，部分参数如图 10-8 所示。

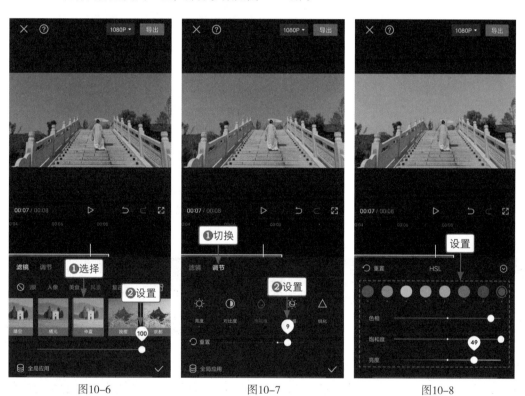

图10-6   图10-7   图10-8

10.2   街拍调色：《小城故事》

效果对比   街拍调色主要是把平常的街拍视频调出故事感，可以为视频增黄，增加复古感和沧桑感，也可以添加文字，增强效果。效果对比如图 10-9 所示。

图10-9

10.2.1 用剪映电脑版制作

剪映电脑版的操作方法如下。

步骤 01 把视频素材添加到视频轨道中，❶单击"滤镜"按钮；❷切换至"复古胶片"选项卡；
❸单击 KE1 滤镜右下角的"添加到轨道"按钮➕，如图 10-10 所示，添加滤镜。

步骤 02 ❶单击"调节"按钮；❷切换至"LUT"选项卡；❸单击"莱卡–仿古厚重 .3dl"右下角的
"添加到轨道"按钮➕，如图 10-11 所示，应用 LUT 增加复古感。

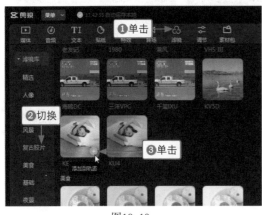

图10-10

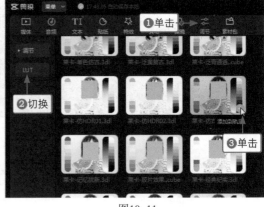

图10-11

步骤 03 ❶单击"文本"按钮；❷在"文字模板"选项卡中切换至"片头标题"选项区；❸单击
所选文字模板右下角的"添加到轨道"按钮➕，如图 10-12 所示，添加文字。

步骤 04 调整 KE1 和"调节 1"的时长，调整文字的轨道位置，如图 10-13 所示。

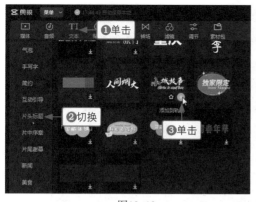
图10-12

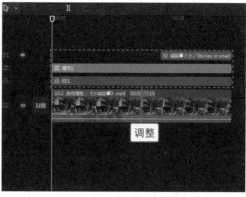
图10-13

步骤 05 选择视频素材，❶单击"调节"按钮；❷在"调节"选项区中拖曳滑块，设置"色温"参数为 4、"色调"参数为 4、"饱和度"参数为 5、"亮度"参数为 6、"对比度"参数为 4、"高光"参数为 -4、"阴影"参数为 -5、"光感"参数为 3、"锐化"参数为 11、"褪色"参数为 28，调整画面明度和色彩，让画面整体更有复古感，如图 10-14 所示。

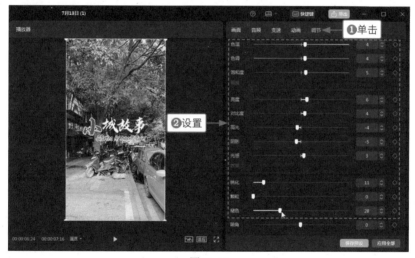
图10-14

10.2.2 用剪映手机版制作

剪映手机版的操作方法如下。

步骤 01 导入视频并选择视频，点击"调节"按钮，设置"亮度"参数为 6、"对比度"参数为 4、"高光"参数为 -4、"阴影"参数为 -5、"光感"参数为 3、"锐化"参数为 11、"褪色"参数为 28、"色温"参数为 4、"色调"参数为 4、"饱和度"参数为 5，调整画面明度和色彩，部分参数如图 10-15 所示。

步骤 02 ❶切换至"滤镜"选项卡；❷在"复古胶片"选项区中选择 1980 滤镜；❸设置参数为 100，如图 10-16 所示。

步骤 03 在视频 4s 左右的位置依次点击"文字"按钮和"文字模板"按钮，在"片头标题"选项区选择相应的文字模板，如图 10-17 所示，效果与电脑版的会有些许差异。

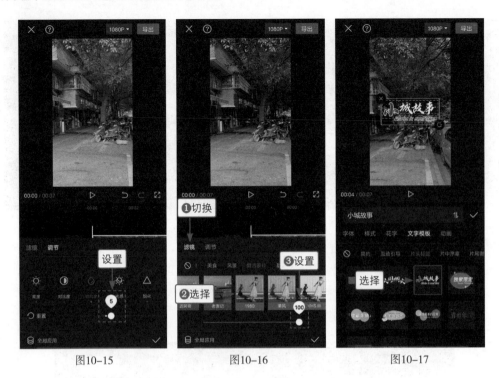

图10-15   图10-16   图10-17

10.3 电影感调色:《人生海海》

效果对比 电影感调色不仅是指画面色调偏向影视化，也可以从视频的展现形式进行调整，比如给视频设置电影感画幅，添加一些影视化的字幕，让视频更有电影感。效果对比如图 10-18 所示。

图10-18

10.3.1 用剪映电脑版制作

剪映电脑版的操作方法如下。

步骤 01 把视频素材添加到视频轨道中，❶单击"滤镜"按钮；❷切换至"影视级"选项卡；❸单击"青橙"滤镜右下角的"添加到轨道"按钮，如图 10-19 所示，添加滤镜。

步骤 02 ❶单击"特效"按钮；❷切换至"电影"选项卡；❸单击"电影感画幅"特效右下角的"添加到轨道"按钮，如图 10-20 所示，让视频有电影感。

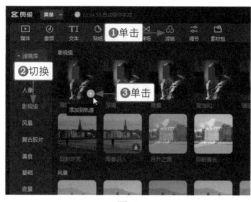
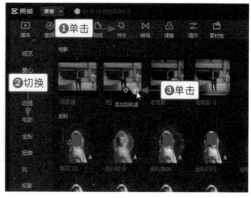

图10-19　　　　　　　　　　　　图10-20

步骤 03　调整"青橙"滤镜和"电影感画幅"特效的时长，使其对齐视频的时长，如图 10-21 所示。

步骤 04　❶单击"文本"按钮；❷在"文字模板"选项卡中切换至"手写字"选项区；❸单击所选文字模板右下角的"添加到轨道"按钮，如图 10-22 所示，添加标题文字。

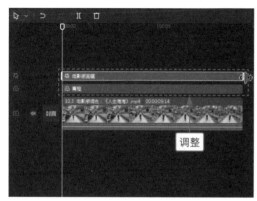
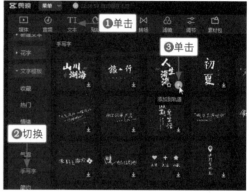

图10-21　　　　　　　　　　　　图10-22

步骤 05　❶切换至"片尾谢幕"选项区；❷在第一段文字模板的后面再添加两段文字模板，如图 10-23 所示。

步骤 06　调整文字模板在轨道中的位置，更改文字内容，如图 10-24 所示。

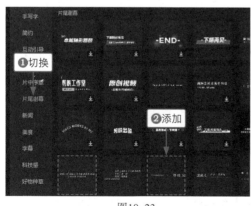

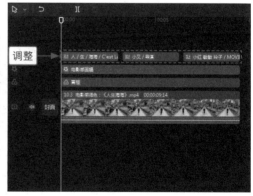

图10-23　　　　　　　　　　　　图10-24

步骤 07　在"播放器"面板中调整文字的大小和位置，部分画面如图 10-25 所示。

图10-25

10.3.2 用剪映手机版制作

剪映手机版的操作方法如下。

步骤 01 导入视频并选择视频素材，点击"滤镜"按钮，❶在"影视级"选项区中选择"青橙"滤镜；❷设置参数为 100，如图 10-26 所示。

步骤 02 在主面板中依次点击"特效"按钮和"画面特效"按钮，在"电影"选项卡中选择"电影感画幅"特效，并调整其时长，使其对齐视频的时长，如图 10-27 所示。

步骤 03 在视频起始位置依次点击"文字"按钮和"文字模板"按钮，在"手写字"选项区中选择"人生海海"文字模板，在第一段文字的后面继续添加两段"片尾谢幕"文字模板，并更改文字内容，最后调整三段文字模板在轨道中的位置和在画面中的大小和位置，如图 10-28 所示。

 文字模板可以直接更改文字内容，能够快速添加合适的文字，提高后期处理效率。

图10-26　　　　　　　图10-27　　　　　　　图10-28

10.4 宫崎骏色调:《漫画云端》

效果对比 宫崎骏色调也是漫画色调,漫画中的云朵是像棉花糖一样轻软,漫画中的景色也是最鲜艳和亮丽的,这个色调下的场景就好像一幅画一般。效果对比如图 10-29 所示。

图10-29

10.4.1 用剪映电脑版制作

剪映电脑版的操作方法如下。

步骤 01 把视频素材添加到视频轨道中,❶单击"滤镜"按钮;❷切换至"风景"选项卡;❸单击"仲夏"滤镜右下角的"添加到轨道"按钮 ,如图 10-30 所示,添加滤镜。

步骤 02 调整"仲夏"滤镜的时长,使其对齐视频的时长,如图 10-31 所示。

 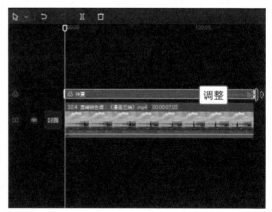

图10-30 图10-31

步骤 03 选择视频素材,❶单击"调节"按钮;❷拖曳滑块,设置"色温"参数为 −6、"色调"参数为 −5、"饱和度"参数为 4、"亮度"参数为 4、"对比度"参数为 4、"高光"参数为 10、"阴影"参数为 5、"光感"参数为 4,调整画面的明度和色彩,让画面更加亮丽,部分参数如图 10-32 所示。

图10-32

步骤 04 ①切换至"HSL"选项卡；②设置绿色选项的"色相"参数为 27；设置蓝色选项的"色相"参数为 -24、"饱和度"参数为 24，让草和树更绿些，让天空像漫画中的天空，部分参数如图 10-33 所示。

步骤 05 ①单击"贴纸"按钮；②搜索"表情"贴纸；③单击所选贴纸右下角的"添加到轨道"按钮 ，如图 10-34 所示，添加贴纸。

步骤 06 调整贴纸的时长，使其对齐视频的时长，如图 10-35 所示。

步骤 07 继续添加两款贴纸，并调整其在画面中的大小和位置，为云朵装饰表情，让画面更加生动和可爱，如图 10-36 所示。

图10-33

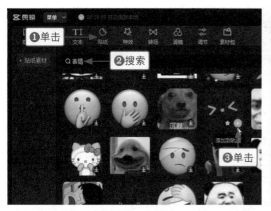

图10-34

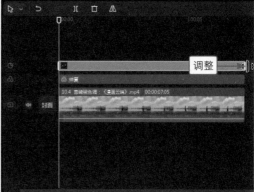

图10-35

图10-36

10.4.2 用剪映手机版制作

剪映手机版的操作方法如下。

步骤 01 导入视频并选择视频素材，点击"滤镜"按钮，❶在"风景"选项区中选择"仲夏"滤镜；❷设置参数为 100，如图 10-37 所示。

步骤 02 切换至"调节"选项卡，设置"亮度"参数为 4、"对比度"参数为 4、"高光"参数为 10、"阴影"参数为 5、"光感"参数为 4、"色温"参数为 -6、"色调"参数为 -5、"饱和度"参数为 4，调整画面的明度和色彩，让画面更加亮丽。选择"HSL"选项，设置绿色选项的"色相"参数为 27；设置蓝色选项的"色相"参数为 -24、"饱和度"参数为 24，让草和树更绿些，让天空像漫画中的天空，部分参数如图 10-38 所示。

步骤 03 依次点击"贴纸"按钮和"添加贴纸"按钮，在"收藏"选项卡中选择 3 款表情贴纸，并调整其轨道时长和在画面中的大小、位置，如图 10-39 所示。

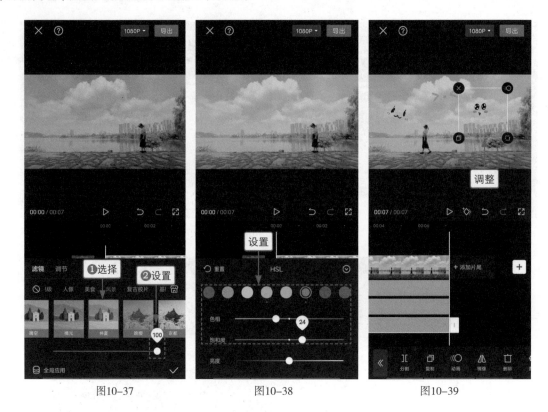

图10-37　　　　　　　　图10-38　　　　　　　　图10-39

10.5　赛博朋克色调:《科技城市》

效果对比　赛博朋克色调的画面以橙色和蓝紫色为主，画面整体偏暗，但是细节并不缺失，具有浓浓的科技感。效果对比如图 10-40 所示。

图10-40

10.5.1　用剪映电脑版制作

剪映电脑版的操作方法如下。

步骤 01 把视频添加到视频轨道中之后，❶拖曳时间指示器至视频 00:00:02:00 的位置；❷单击"分割"按钮❙❙，如图 10-41 所示，分割素材。

步骤 02 ❶单击"滤镜"按钮；❷切换至"夜景"选项卡；❸单击"冷蓝"滤镜右下角的"添加到轨道"按钮➕，如图 10-42 所示，添加滤镜，并设置"强度"参数为 80。

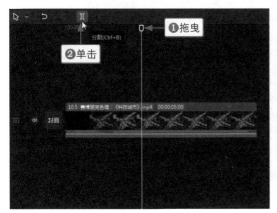

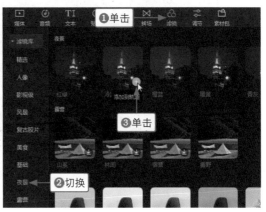

图10-41 图10-42

步骤 03 选择第 2 段视频素材，❶单击"调节"按钮；❷设置"色温"参数为 -26、"色调"参数为 -50、"饱和度"参数为 21、"亮度"参数为 11，调整画面的明度和色彩，使画面色彩偏蓝、偏紫并提亮画面，如图 10-43 所示。

步骤 04 ❶切换至"HSL"选项卡；❷设置青色选项的"色相"参数为 100；设置蓝色选项的"色相"参数为 100、"饱和度"参数为 100、"亮度"参数为 -50；设置紫色选项的"色相"参数为 -100、"饱和度"参数为 100、"亮度"参数为 -100；设置洋红色选项的"色相"参数为 -100、"饱和度"参数为 100、"亮度"参数为 100，调整画面中的蓝色和紫色占比，让画面以橙色和蓝紫色为主，部分参数如图 10-44 所示。

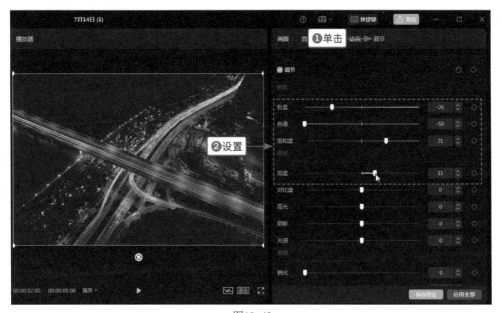

图10-43

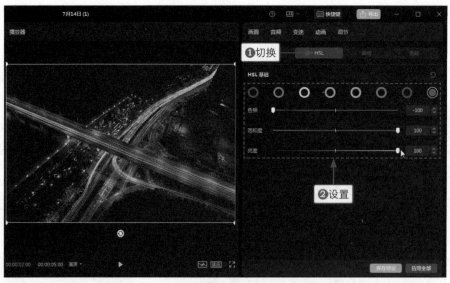

图10-44

10.5.2 用剪映手机版制作

剪映手机版的操作方法如下。

步骤 01 在剪映手机版中导入视频，在视频 2s 的位置点击"分割"按钮，如图 10-45 所示。

步骤 02 分割素材之后，选择第 2 段素材，点击"滤镜"按钮，在"夜景"选项区中选择"冷蓝"滤镜，如图 10-46 所示，添加滤镜。

步骤 03 切换至"调节"选项卡，设置"色温"参数为 -26、"色调"参数为 -50、"饱和度"参数为 21、"亮度"参数为 11，调整画面的明度和色彩，使画面色彩偏蓝、偏紫并提亮画面。选择"HSL"选项，设置青色选项的"色相"参数为 100；设置蓝色选项的"色相"参数为 100、"饱和度"参数为 100、"亮度"参数为 -50；设置紫色选项的"色相"参数为 -100、"饱和度"参数为 100、"亮度"参数为 -100；设置洋红色选项的"色相"参数为 -100、"饱和度"参数为 100、"亮度"参数为 100，调整画面中的蓝色和紫色占比，让画面以橙色和蓝紫色为主，部分参数如图 10-47 所示。

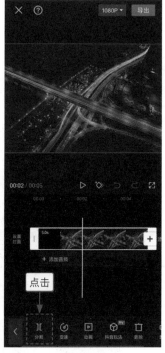

图10-45

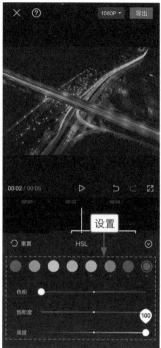

图10-46 图10-47

10.6 人文纪实调色:《人间烟火》

效果对比 人文纪实调色一般用在记录人文景象视频中,可以让普通的视频画面充满烟火气息,让人感受到人间的温情。效果对比如图 10-48 所示。

图10-48

10.6.1 用剪映电脑版制作

剪映电脑版的操作方法如下。

步骤 01 把视频素材添加到视频轨道中,❶单击"滤镜"按钮;❷切换至"黑白"选项卡;❸单击"黑金"滤镜右下角的"添加到轨道"按钮➕,如图 10-49 所示,添加滤镜。

步骤 02 拖曳滑块，设置"强度"参数为 80，减淡一些滤镜效果，如图 10-50 所示。

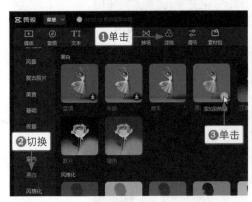
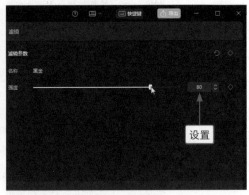

图10-49　　　　　　　　　　　　　　图10-50

步骤 03 ❶单击"调节"按钮；❷切换至"LUT"选项卡；❸单击"莱卡－记忆犹新 .3dl"右下角的
"添加到轨道"按钮▦，如图 10-51 所示，应用 LUT。

步骤 04 调整"黑金"滤镜和"调节 1"的时长，使其对齐视频的时长，如图 10-52 所示。

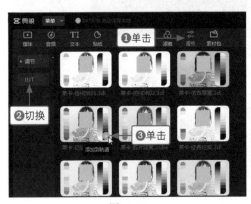
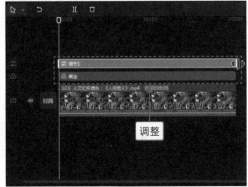

图10-51　　　　　　　　　　　　　　图10-52

步骤 05 选择视频素材，❶单击"调节"按钮；❷拖曳滑块，设置"色温"参数为 5、"色调"参
数为 4、"饱和度"参数为 -7、"亮度"参数为 -7、"对比度"参数为 5，调整画面的明
度和色彩，增加明暗对比，如图 10-53 所示。

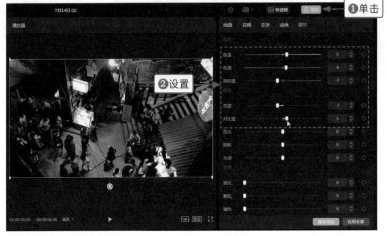

图10-53

步骤 06 拖曳时间指示器至视频 00:00:03:06 的位置，如图 10-54 所示。

步骤 07 ❶单击"文本"按钮；❷在"文字模板"选项卡中切换至"片头标题"选项区；❸单击所选文字模板右下角的"添加到轨道"按钮，如图 10-55 所示，添加标题文字。

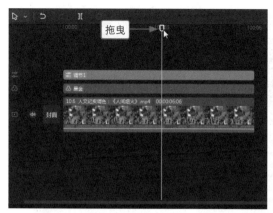

图10-54   图10-55

步骤 08 调整文字的大小，使其稍微变小一些，如图 10-56 所示。

图10-56

10.6.2 用剪映手机版制作

剪映手机版的操作方法如下。

步骤 01 导入视频并选择视频素材，点击"滤镜"按钮，在"黑白"选项区中选择"黑金"滤镜，如图 10-57 所示。

步骤 02 ❶切换至"调节"选项卡；❷设置"亮度"参数为 -7、"对比度"参数为 5、"色温"参数为 5、"色调"参数为 4、"饱和度"参数为 -7，调整画面的明度和色彩，增加明暗对比，部分参数如图 10-58 所示。

步骤 03 在视频 3s 左右的位置依次点击"文字"按钮和"文字模板"按钮，在"片头标题"选项区中选择一款文字模板，并调整其轨道位置和大小，如图 10-59 所示。最终效果与电脑版的会有些许差异。

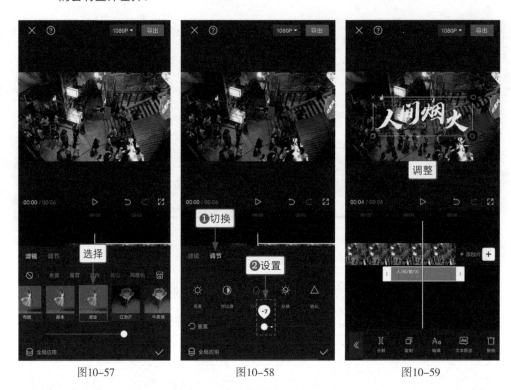

图10-57 图10-58 图10-59

课后实训　芭比粉色调：《浪漫时刻》

效果对比　芭比粉色调比较梦幻，是富有温柔感的一个色调，也是非常吸睛的一个色调。效果展示如图 10-60 所示。

图10-60

本案例制作主要步骤如下：

　　首先将素材添加到视频轨道中，在视频 2s 的位置分割素材，选择分割后的第 2 段素材，❶在操作区中单击"调节"按钮，设置"色温"参数为 –18、"色调"参数为 29、"饱和度"参数为 7、"亮度"参数为 15、"对比度"参数为 7、"光感"参数为 9，校正画面的明度和色彩；❷切换至"HSL"选项卡；❸设置红色选项的"色相"参数为 –100、"饱和度"参数为 16、"亮度"参数为 100，设置橙色选项的"色相"参数为 –36、"饱和度"参数为 –31、"亮度"参数为 –20，设置"洋红色"选项的"色相"参数为 24、"饱和度"参数为 94、"亮度"参数为 54，让画面中偏红色的部分变成粉色，部分参数如图 10-61 所示。

图10-61

　　然后为视频添加"变清晰"基础特效和"星火炸开"氛围特效，并调整其时长和轨道位置，再添加合适的背景音乐。

第 11 章 电影风格——
跟着美学巅峰学调色

　　"电影感"由很多元素构成，例如独特的构图、高分辨率的画面、多种运镜方式和景深等画面效果，但就调色来说，这是电影后期中最不可或缺的一部分，好的电影色调能让视频更具"电影感"，也能更方便地诠释电影的主题。本章主要为大家解析部分电影的色调，帮助大家厘清思路，从而也能调出相同的电影色调。

11.1 青绿色调：电影《克莱尔的膝盖》调色

效果对比 电影《克莱尔的膝盖》是法国导演埃里克·侯麦的经典作品，是一部发生在夏天的爱情故事，青绿色调是其特色，与导演镜头下的哲学爱情相得益彰，让人看完不禁赞叹其恰到好处的表现手法。效果对比如图 11-1 所示。

图11-1

11.1.1 用剪映电脑版制作

剪映电脑版的操作方法如下。

步骤 01 单击电影素材右下角的"添加到轨道"按钮，如图 11-2 所示，添加素材。

步骤 02 拖曳同一段素材至画中画轨道中，使其对齐视频轨道中的素材，如图 11-3 所示。

图11-2

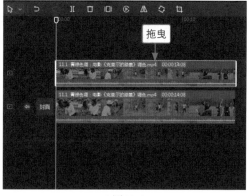

图11-3

步骤 03 ❶单击"文本"按钮；❷切换至"花字"选项卡；❸在"收藏"选项区中单击所选花字右下角的"添加到轨道"按钮 ，如图 11-4 所示，添加两段文字。

步骤 04 输入文字内容，调整两段文字的时长，使其对齐视频素材的时长，如图 11-5 所示，文字的字体为"江湖体"。

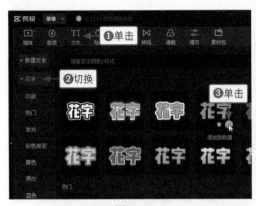
图11-4

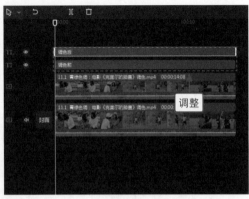
图11-5

步骤 05 选择视频轨道中的素材，❶设置画面比例为 9∶16；❷调整画面和文字的位置；❸单击"调节"按钮；❹在"调节"选项区中拖曳滑块，设置"色调"参数为 -25、"饱和度"参数为 7、"亮度"参数为 14、"对比度"参数为 4、"高光"参数为 7、"阴影"参数为 -6、"光感"参数为 12，调整画面的明度和色彩，使其偏绿色，如图 11-6 所示。

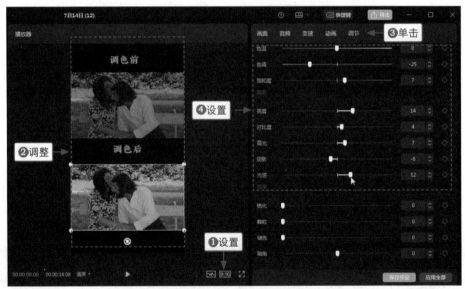
图11-6

步骤 06 ❶切换至"HSL"选项卡；❷选择绿色选项 ；❸设置"色相"参数为 31、"饱和度"参数为 27、"亮度"参数为 27，让画面偏绿一些，如图 11-7 所示。

步骤 07 ❶选择青色选项 ；❷设置"色相"参数为 -36、"饱和度"参数为 40、"亮度"参数为 7，让画面偏青绿色，如图 11-8 所示。

视频轨道中的视频是调色后的视频，画中画轨道中的视频是调色前的视频。

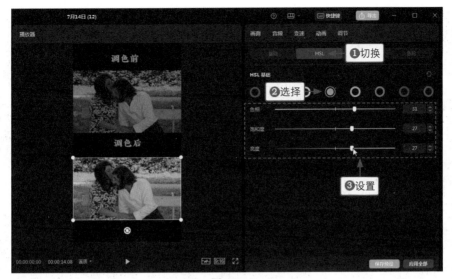

图11-7

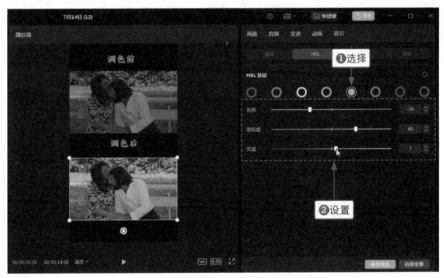

图11-8

11.1.2 用剪映手机版制作

剪映手机版的操作方法如下。

步骤 01 导入两段一样的视频，设置比例为 9 : 16，调整其轨道位置和在画面中的位置，并添加两段文字，选择视频轨道中的视频，如图 11-9 所示。

步骤 02 点击"调节"按钮，设置"亮度"参数为 14、"对比度"参数为 4、"高光"参数为 7、"阴影"参数为 -6、"光感"参数为 12、"色调"参数为 -25、"饱和度"参数为 7，调整画面的明度和色彩，使其偏绿色，部分参数如图 11-10 所示。

步骤 03 选择"HSL"选项，设置绿色选项的"色相"参数为 31、"饱和度"参数为 27、"亮度"参数为 27；设置青色选项的"色相"参数为 -36、"饱和度"参数为 40、"亮度"参数为 7，让画面偏青绿色，部分参数如图 11-11 所示。

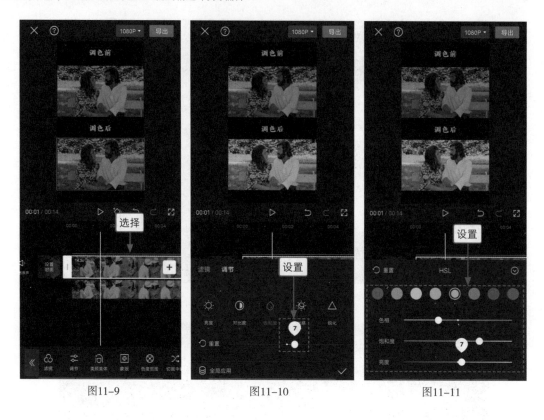

图11-9   图11-10   图11-11

11.2 冷暖对比：电影《星球大战》调色

效果对比　电影《星球大战》是一部科幻片，作品内容是关于几个组织之间的战争，其中的光剑武器主要为红色、蓝色，因此，这部作品大部分的色调都是冷暖对比极强的色调，可以强调电影中的战争主题，也就是星球大战。效果对比如图 11-12 所示。

图11-12

11.2.1 用剪映电脑版制作

剪映电脑版的操作方法如下。

步骤 01 单击电影素材右下角的"添加到轨道"按钮，如图 11-13 所示，添加素材。

步骤 02 拖曳同一段素材至画中画轨道中，使其对齐视频轨道中的素材，如图 11-14 所示。

图11-13　　　　　　　　　　　　　　　图11-14

步骤 03 ❶单击"文本"按钮；❷切换至"花字"选项卡；❸在"收藏"选项区中单击所选花字右下角的"添加到轨道"按钮，如图 11-15 所示，添加两段文字。

步骤 04 输入文字，调整两段文字的时长，使其对齐视频素材的时长，如图 11-16 所示。

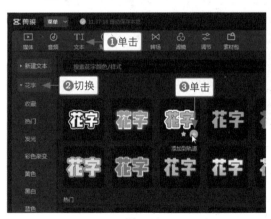
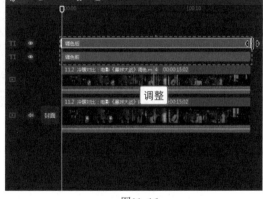

图11-15　　　　　　　　　　　　　　　图11-16

步骤 05 选择视频轨道中的素材，❶设置画面比例为 9∶16；❷调整画面和文字的位置；❸单击"调节"按钮；❹在"调节"选项区中拖曳滑块，设置"色温"参数为 -39、"色调"参数为 9、"饱和度"参数为 13、"亮度"参数为 21、"对比度"参数为 8、"高光"参数为 14、"阴影"参数为 -5、"光感"参数为 7，调整明度和色彩，增强冷暖对比，如图 11-17 所示。

步骤 06 ❶切换至"HSL"选项卡；❷设置红色选项和橙色选项的"饱和度"参数均为 30，让暖色的画面部分偏红一些，部分参数如图 11-18 所示。

步骤 07 设置青色选项的"饱和度"参数为 26；设置蓝色选项的"饱和度"参数为 30，让冷色的画面部分偏蓝一些，增强冷暖对比，部分参数如图 11-19 所示。

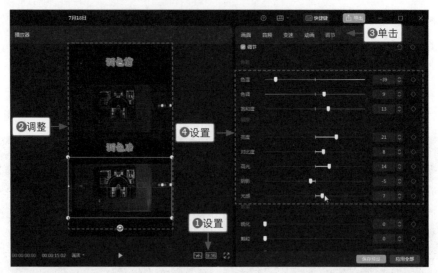

图11-17

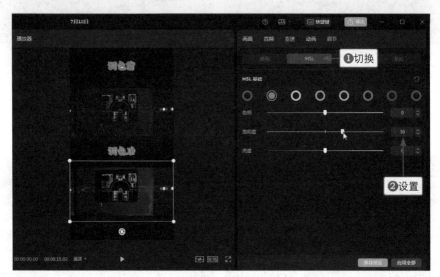

图11-18

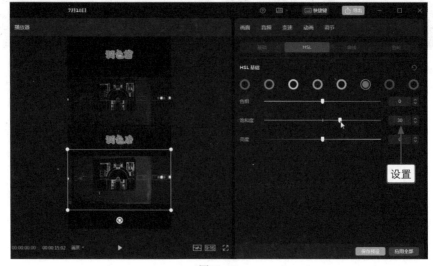

图11-19

11.2.2 用剪映手机版制作

剪映手机版的操作方法如下。

步骤 01 导入两段一样的视频,设置比例为 9 : 16,调整其轨道位置和在画面中的位置,并添加两段文字,选择视频轨道中的视频,如图 11-20 所示。

步骤 02 点击"调节"按钮,设置"亮度"参数为 21、"对比度"参数为 8、"高光"参数为 14、"阴影"参数为 -5、"光感"参数为 7、"色温"参数为 -39、"色调"参数为 9、"饱和度"参数为 13,调整画面的明度和色彩,增强冷暖色对比,部分参数如图 11-21 所示。

步骤 03 选择"HSL"选项,设置红色选项和橙色选项的"饱和度"参数均为 30;设置青色选项的"饱和度"参数为 26;设置蓝色选项的"饱和度"参数为 30,增强冷暖对比,部分参数如图 11-22 所示。

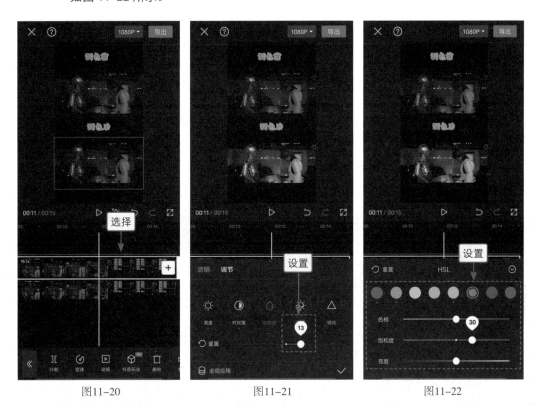

图11-20   图11-21   图11-22

11.3   灰暗风格:电影《异形》调色

效果对比 电影《异形》是一部惊悚片。对于惊悚片而言,五彩斑斓是不存在的,为了突出紧张和恐怖的气氛,在前期拍摄时,对打光和拍摄角度都有一定的要求,后期调色重点突出画面灰暗、阴沉,表现人物内心的恐惧以及气氛的紧张。效果对比如图 11-23 所示。

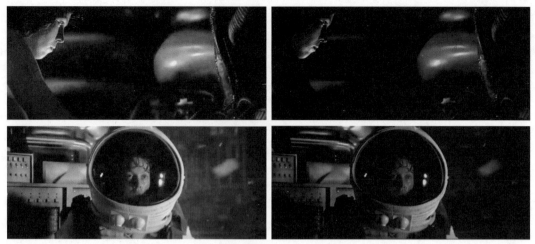

图11-23

11.3.1 用剪映电脑版制作

剪映电脑版的操作方法如下。

步骤 01 在视频轨道和画中画轨道中分别添加同一段素材，❶单击"文本"按钮；❷切换至"花字"选项卡；❸在"收藏"选项区中单击所选花字右下角的"添加到轨道"按钮 ，如图 11-24 所示，添加两段文字。

步骤 02 输入文字，调整两段文字的时长，使其对齐视频素材的时长，如图 11-25 所示。

图11-24   图11-25

步骤 03 选择视频轨道中的素材，❶设置画面比例为 9∶16；❷调整画面和文字的位置；❸单击"调节"按钮；❹在"调节"选项区中拖曳滑块，设置"色温"参数为 6、"色调"参数为 -8、"饱和度"参数为 -19、"亮度"参数为 -12、"对比度"参数为 29、"高光"参数为 -12、"阴影"参数为 -20、"光感"参数为 -16，降低曝光，让色彩和明度偏暗些，如图 11-26 所示。

步骤 04 ❶切换至"HSL"选项卡；❷设置红色选项和蓝色选项的"饱和度"参数分别为 -36 和 -21，让画面中比较明显的色彩也变暗一些，部分参数如图 11-27 所示。

步骤 05 ❶切换至"曲线"选项卡；❷在"亮度"面板中向下拖曳亮度曲线，让画面变暗，如图 11-28 所示。

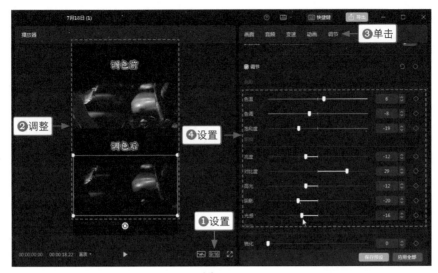

图11-26

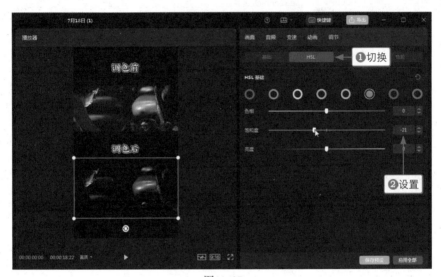

图11-27

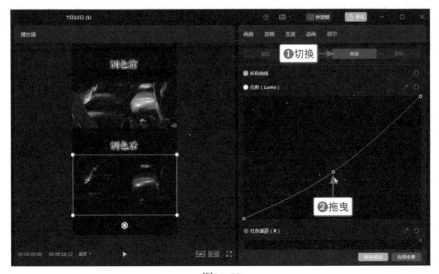

图11-28

11.3.2 用剪映手机版制作

剪映手机版的操作方法如下。

步骤 01 导入两段一样的视频，设置比例为 9:16，调整其轨道位置和在画面中的位置，并添加两段文字，选择视频轨道中的视频，如图 11-29 所示。

步骤 02 点击"调节"按钮，设置"亮度"参数为 -12、"对比度"参数为 29、"高光"参数为 -12、"阴影"参数为 -20、"光感"参数为 -16、"色温"参数为 6、"色调"参数为 -8、"饱和度"参数为 -19，降低画面曝光，让色彩和明度偏暗些；选择 HSL 选项，设置红色选项和蓝色选项的"饱和度"参数分别为 -36 和 -21，让画面中比较明显的色彩也变暗一些，部分参数如图 11-30 所示。

步骤 03 选择"曲线"选项，向下拖曳白色的亮度曲线，让画面变暗，如图 11-31 所示。

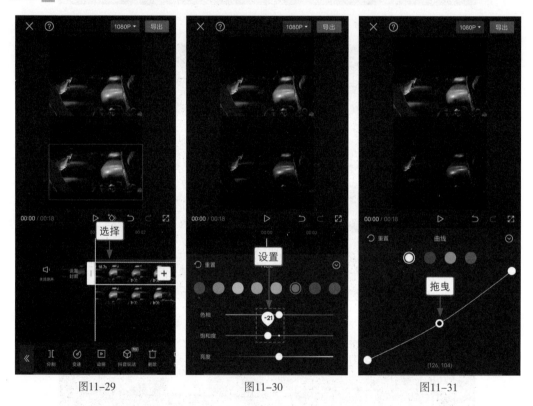

图11-29　　　　　　　　　　图11-30　　　　　　　　　　图11-31

11.4 橘黄风格：电影《金色池塘》调色

效果对比 偏红偏黄的暖色系色调容易给人温暖的感觉，因此橘黄风格很适合用在温情电影中。电影《金色池塘》是一部讲述老年人生活的亲情电影，需要传递给观众温暖和治愈的观影感受，而橘黄风格的景象和色调刚好满足了这个要求，影片中除了有橘黄色的夕阳，也有黄昏夜晚暖黄的场景，橘黄色调恰好烘托了气氛。效果对比如图 11-32 所示。

图11-32

11.4.1 用剪映电脑版制作

剪映电脑版的操作方法如下。

步骤 01 单击电影素材右下角的"添加到轨道"按钮，如图 11-33 所示，添加素材。

步骤 02 拖曳同一段素材至画中画轨道中，使其对齐视频轨道中的素材，如图 11-34 所示。

图11-33　　　　　　　　　　　　　　图11-34

步骤 03 ❶单击"文本"按钮；❷切换至"花字"选项卡；❸在"收藏"选项区中单击所选花字右下角的"添加到轨道"按钮，如图 11-35 所示，添加两段文字。

步骤 04 输入文字，调整两段文字的时长，使其对齐视频素材的时长，如图 11-36 所示。

步骤 05 选择视频轨道中的素材，❶设置画面比例为 9∶16；❷调整画面的大小、位置，调整文字的位置，如图 11-37 所示。

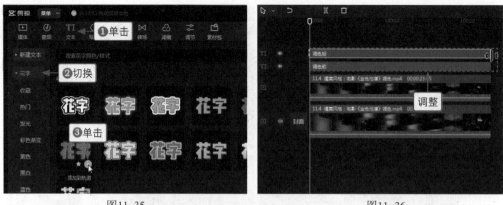

图11-35   图11-36

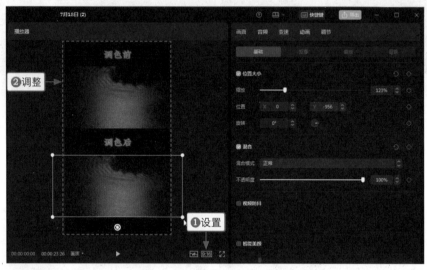

图11-37

步骤 06 ❶单击"调节"按钮；❷在"调节"选项区中设置"色温"参数为14、"色调"参数为9、"饱和度"参数为8、"亮度"参数为11、"对比度"参数为5、"高光"参数为18、"阴影"参数为6、"光感"参数为13，调整明度和色彩，让画面偏暖色，如图11-38所示。

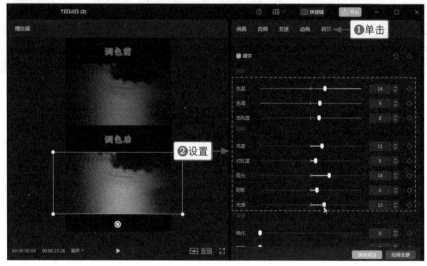

图11-38

步骤 07 ❶切换至 "HSL" 选项卡；❷选择橙色选项◯；❸设置 "色相" 参数为 −30、"饱和度" 参数为 60、"亮度" 参数为 −7，让夕阳变橙一些，如图 11−39 所示。

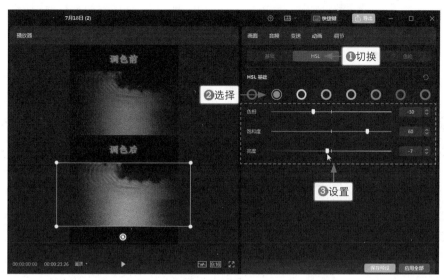

图11−39

步骤 08 ❶选择黄色选项◯；❷设置 "色相" 参数为 −34、"饱和度" 参数为 13、"亮度" 参数 为 28，让画面更加偏橘黄色，如图 11−40 所示。

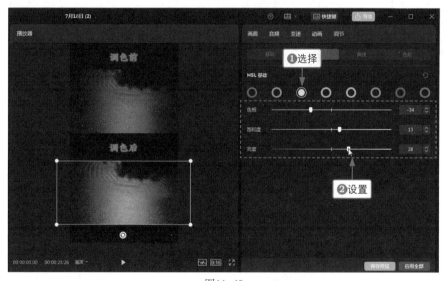

图11−40

11.4.2 用剪映手机版制作

剪映手机版的操作方法如下。

步骤 01 导入两段一样的视频，设置比例为 9：16，调整其轨道位置和在画面中的大小、位置，并 添加两段文字，选择视频轨道中的视频，如图 11−41 所示。

步骤 02 点击"调节"按钮，设置"亮度"参数为 11、"对比度"参数为 5、"高光"参数为 18、"阴影"参数为 6、"光感"参数为 13、"色温"参数为 14、"色调"参数为 9、"饱和度"参数为 8，调整画面的明度和色彩，让画面偏暖色，部分参数如图 11-42 所示。

步骤 03 选择"HSL"选项，设置橙色选项"色相"参数为 -30、"饱和度"参数为 60、"亮度"参数为 -7；设置黄色选项的"色相"参数为 -34、"饱和度"参数为 13、"亮度"参数为 28，让画面更加偏橘黄色，部分参数如图 11-43 所示。

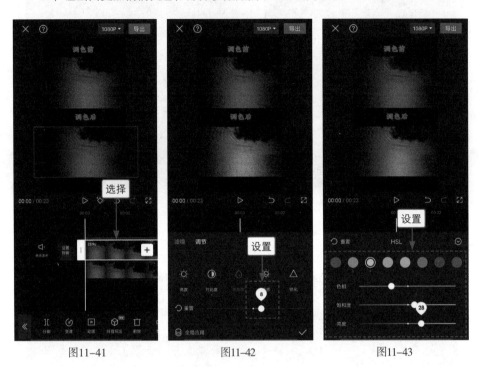

图11-41　　　　　　　图11-42　　　　　　　图11-43

课后实训　柔美风格：电影《苔丝》调色

效果对比　电影《苔丝》改编于英国作家哈代的长篇小说《德伯家的苔丝》，讲述了一个悲惨农家女被资产阶级腐朽的伦理道德和不公正的法律所毁灭的故事，电影整体色调偏柔和，在唯美的色调下塑造了一个悲剧女性形象。效果对比如图 11-44 所示。

图11-44

本案例制作主要步骤如下：

步骤 01 将电影素材添加到视频轨道中和画中画轨道中，再添加两段花字文字，❶设置画面比例为
9∶16；❷调整文字和视频的画面位置，选择视频轨道中的视频，如图 11-45 所示。

步骤 02 ❶在操作区中单击"调节"按钮，设置"色温"参数为 -9、"色调"参数为 -7、"饱和度"
参数为 9、"亮度"参数为 16、"对比度"参数为 5、"高光"参数为 5、"阴影"参数
为 -5，调整画面明度和色彩；❷切换至"HSL"选项卡；❸设置红色选项的"饱和度"参
数为 14，设置黄色选项的"色相"参数为 -20、"饱和度"参数为 16，设置"绿色"选项
的"色相"参数为 14、"饱和度"参数为 17，让画面色调变得自然而柔和，部分参数如
图 11-46 所示。

图11-45

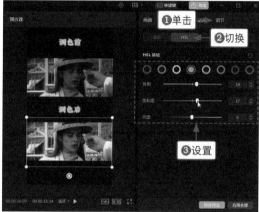

图11-46

附录　剪映快捷键大全

为方便大家快捷、高效学习，笔者特意抽时间和精力，对剪映电脑版快捷键进行了归类和说明。

操作说明	快捷键	
时间线	Final Cut Pro X 模式	Premiere Pro 模式
分割	Ctrl ＋ B	Ctrl ＋ K
批量分割	Ctrl ＋ Shift ＋ B	Ctrl ＋ Shift ＋ K
鼠标选择模式	A	V
鼠标分割模式	B	C
主轨磁吸	P	Shift ＋ Backspace（退格键）
吸附开关	N	S
联动开关	～	Ctrl ＋ L
预览轴开关	S	Shift ＋ P
轨道放大	Ctrl ＋＋	＋
轨道缩小	Ctrl ＋－	－
时间线上下滚动	滚轮上下	滚轮上下
时间线左右滚动	Alt ＋滚轮上下	Alt ＋滚轮上下
启用 / 停用片段	V	Shift ＋ E
分离 / 还原音频	Ctrl ＋ Shift ＋ S	Alt ＋ Shift ＋ L
手动踩点	Ctrl ＋ J	Ctrl ＋ J
上一帧	←	←
下一帧	→	→
上一分割点	↑	↑
下一分割点	↓	↓
粗剪起始帧 / 区域入点	I	I
粗剪结束帧 / 区域出点	O	O
以片段选定区域	X	X
取消选定区域	Alt ＋ X	Alt ＋ X
创建组合	Ctrl ＋ G	Ctrl ＋ G

操作说明	快捷键	
解除组合	Ctrl + Shift + G	Ctrl + Shift + G
唤起变速面板	Ctrl + R	Ctrl + R
自定义曲线变速	Shift + B	Shift + B
新建复合片段	Alt + G	Alt + G
解除复合片段	Alt + Shift + G	Alt + Shift + G

操作说明	快捷键	
播放器	Final Cut Pro X 模式	Premiere Pro 模式
播放 / 暂停	Spacebar（空格键）	Ctrl + K
全屏 / 退出全屏	Ctr + Shift + F	~
取消播放器对齐	长按 Ctrl	V

操作说明	快捷键	
基础	Final Cut Pro X 模式	Premiere Pro 模式
复制	Ctrl + C	Ctrl + C
剪切	Ctrl + X	Ctrl + X
粘贴	Ctrl + V	Ctrl + V
删除	Delete（删除键）	Delete（删除键）
撤销	Ctrl + Z	Ctrl + Z
恢复	Shift + Ctrl + Z	Shift + Ctrl + Z
导入媒体	Ctrl + I	Ctrl + I
导出	Ctrl + E	Ctrl + M
新建草稿	Ctrl + N	Ctrl + N
切换素材面板	Tab（制表键）	Tab（制表键）
退出	Ctrl + Q	Ctrl + Q

操作说明	快捷键	
其他	Final Cut Pro X 模式	Premiere Pro 模式
字幕拆分	Enter（回车键）	Enter（回车键）
字幕拆行	Ctrl + Enter	Ctrl + Enter